初心者から
ちゃんとしたプロになる

Adobe XD
基礎入門

フェーズ別に解説!

NEW STANDARD FOR ADOBE XD

相原典佳
沖 良矢
濱野 将 共著

books.MdN.co.jp
MdN
エムディエヌコーポレーション

　Adobe、Adobe XD は Adobe Systems Incorporated（アドビシステムズ社）の米国ならびに他の国における商標または登録商標です。その他、本書に掲載した会社名、プログラム名、システム名などは一般に各社の商標または登録商標です。本文中では ™、® は明記していません。

　本書のプログラムを含むすべての内容は、著作権法上の保護を受けています。著者、出版社の許諾を得ずに、無断で複写、複製することは禁じられています。本書のサンプルデータの著作権は、すべて著作権者に帰属します。学習のために個人で利用する以外は一切利用が認められません。複製・譲渡・配布・公開・販売に該当する行為、著作権を侵害する行為については、固く禁止されていますのでご注意ください。

　本書は 2021 年 8 月現在の情報を元に執筆されたものです。これ以降の仕様等の変更によって、記載された内容と事実が異なる場合があります。著者、株式会社エムディエヌコーポレーションは、本書に掲載した内容によって生じたいかなる損害に一切の責任を負いかねます。あらかじめご了承ください。

はじめに

　さまざまな書籍の中から、本書に興味を持っていただき、ありがとうございます。本書は、デザイン・プロトタイピングツールであるAdobe XDの入門書です。

　Adobe XDの学習をはじめたばかりというみなさんの中には、「プロトタイピング」という言葉を初めて聞いた、という方もいらっしゃるかもしれません。でも、大丈夫です。本書は、そんなみなさんに向けた、さまざまな用語、使い方をしっかりと解説している書籍になっています。

　Adobe XDの特徴は、デザイン制作の機能だけでなく、プロトタイピング機能、共有機能が一体となっている点です。それらの機能が十分に発揮される場合が、チームとしての制作・開発の中で、ディレクター、デザイナー、エンジニアがそれぞれ協力し合ってプロジェクトを進めていくときです。

　そのため、本書では、ディレクター、デザイナー、エンジニア、それぞれの立場でのAdobe XDとの関わり方、という切り口で解説しています。

　Lesson1 〜 2では基礎的な知識や画面の見方を学びます。Lesson3 〜 5では、お弁当の販売サイトを例にAdobe XDの学習を進めて行きます。Lesson3ではディレクターに必要な知識を紹介するとともに、ワイヤーフレームの作成と基本的な操作を習得します。Lesson4ではサイトのデザインを作成しますので、デザイナーとしての実践演習となるでしょう。Lesson5ではエンジニアの視点で、Adobe XDのデータからどのように情報を読み取ってHTMLとCSSを完成させるのか、実際のコードを参照しながら学んでいきます。Lesson6には、さらに知っておきたい知識をまとめました。

　分業化が進む現在の制作・開発の現場では、コラボレーションが必須なだけでなく、自分の「お隣さん」の仕事を理解・把握しておく必要があるでしょう。ご自身がデザイナー志望であっても、ディレクターやエンジニアの仕事の流れを知っておくことは大切ですし、ほかの職種であってもそれは同じことです。Adobe XDを中心に据えた開発のお供にしてもらえるような書籍として、手にとっていただけたらうれしく思います。

2021年8月
著者を代表して
相原典佳

Contents 目次

本書の使い方

....

本書は、Adobe XDの初心者の方に向けて、操作方法や使用方法を解説した書籍です。
画面の見方や基本的な使い方、Webサイト制作の中での取り入れ方を解説しています。
本書の紙面の構成は以下のようになっています。

① 記事テーマ

記事番号とテーマタイトルを示しています。

② 解説文

記事テーマの解説。文中の重要部分は太字で示しています。

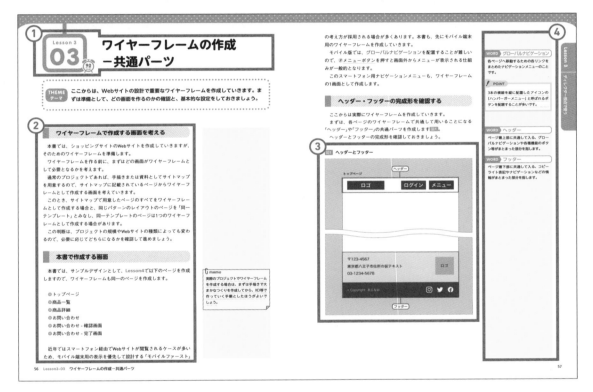

③ 図版

Adobe XDの画面や作例画像などの図版を掲載しています。

④ 側注

POINT　　重要部分を詳しく掘り下げています(一部、解説文のアンダーラインに対応)。

memo　　実制作で知っておくと役立つ内容を補足的に載せています。

WORD　　用語説明。解説文の色つき文字と対応しています。

● MacとWindowsの違い

本書の内容は Mac と Windows の両 OS に対応していますが、紙面の解説や画面は Mac を基本にしています。Mac と Windows で操作キーが異なる場合は、Windows の操作キーを option［Alt］のように、［　］で囲んで表記しています。また、Mac の command キーは「⌘」で表記しています。

ショートカットキーの表記例

● ⌘［Ctrl］キー
➡ **Mac** ：⌘（command）キー
➡ **Win** ：Ctrl キー

● ⌘［Ctrl］＋S
➡ **Mac** ：⌘＋S キーを同時に押す
➡ **Win** ：Ctrl＋S キーを同時に押す

● option ［Alt］キー
➡ **Mac** ：option キー
➡ **Win** ：Alt キー

● option ［Alt］＋クリック
➡ **Mac** ：option キーを押しながらクリック
➡ **Win** ：Alt キーを押しながらクリック

サンプルのダウンロードデータについて

本書の解説で使用しているサンプルデータは、下記のURLからダウンロードしていただけます。

https://books.mdn.co.jp/down/3221303011/

数字

【注意事項】
・弊社Webサイトからダウンロードできるサンプルデータは、本書の解説内容をご理解いただくために、ご自身で試される場合にのみ使用できる参照用データです。その他の用途での使用や配布などは一切できませんので、あらかじめご了承ください。
・弊社Webサイトからダウンロードできるサンプルデータの著作権は、それぞれの制作者に帰属します。
・弊社Webサイトからダウンロードできるサンプルデータを実行した結果については、著者および株式会社エムディエヌコーポレーションは一切の責任を負いかねます。お客様の責任においてご利用ください。

制作ワークフローと Adobe XD

Webサイトの制作には、さまざまな工程と流れ（ワークフロー）が必要になりますが、そのなかの複数の工程でAdobe XDを活用していきます。Web制作におけるワークフローとAdobe XDの活用について、ディレクター、デザイナー、エンジニアそれぞれの視点を踏まえつつ見ていきましょう。

読む　＞　ワイヤーフレーム　＞　デザイン　＞　コーディング

Lesson 1
01

Web制作の現場と Adobe XD

THEME テーマ

Web制作の現場では、ディレクター、デザイナー、エンジニアの3つの職種が中心となってWebサイト制作を進めていくことになります。それぞれが、Adobe XDをどのように活用していくのかを見ていきましょう。

職種ごとに活用の仕方が違う

　Adobe XD（以下、XD）は、Webサイトの制作やスマートフォンアプリの開発に必須ともいえるデザイン・プロトタイピングツールです。

　XDは、デザイン作成の場面で活用していくことが多いツールではありますが、ディレクター、デザイナー、エンジニアのそれぞれで異なる場面での使い方があります。また、分業しつつも連携しながら制作を進めていくためには、自分自身の職種だけでなく、ほかの職種での活用法も知っておくことがより重要です。

　まずは職種ごとの役割とXDの使い方を見ていきましょう。

WebディレクターとXD

　「ディレクター」とは、直訳すると「指揮者」や「管理者」、映画など映像の分野では「監督」の訳となる職業です。Webサイト制作でのディレクター（Webディレクター）は、制作や開発の仕事そのものではなく、「その周辺で発生する仕事」を担当する職業、となります。

　ディレクターは、新規制作のWebサイトやリニューアルのWebサイトの企画をまとめたり、プロジェクトの進捗をマネジメントする役割を担います。ディレクターは、XDを「ワイヤーフレーム」の作成や「プロトタイプ」作成に活用します。

ワイヤーフレームとは

　ワイヤーフレーム 図1 とは、Webサイト・Webサービスやスマートフォンアプリの「骨組み」や「設計図」ともいえるもので、画面ごとにどんな情報を表示するか、どんな機能が必要かを示したものです。

図1 ワイヤーフレームの例

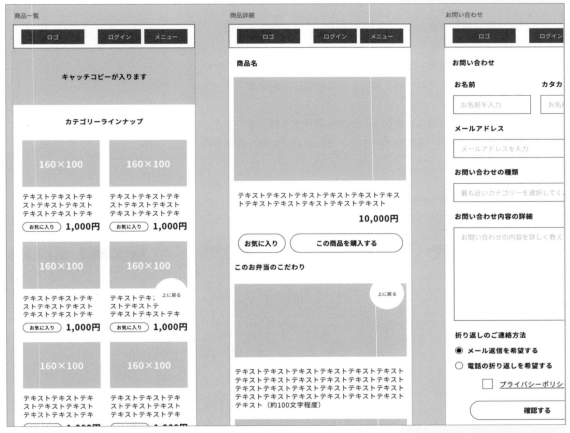

XDで作成したワイヤーフレームの一部

　ワイヤーフレームはディレクターが作成する場合が多いのですが、デザイナーが作る場合もあります。そのようなデザイナーの場合、ディレクション業務とデザイン業務を兼任しているデザイナーであることが多いでしょう。

　本書のLesson3では、ワイヤーフレームをXDで作成していく方法について学んでいきますので、そちらも参照してください。

49ページ〜　Lesson3参照。

プロトタイプとは

　ワイヤーフレームが完成したあとに、プロトタイプを作成する場合があり、この作成をディレクターが担うことがあります。

　プロトタイプとは**試作機・試作品**のことで、ソフトウェア開発の分野では本格的なプログラムやコードを開発する前段階にて問題点を洗い出すための試作のことを指します。

　XDでのプロトタイプ作成は、画面から画面へ遷移する様子をアニメーションで表現できたりと、実際のWebサイトと同じような動きのある機能を表現できます 図2 。

図2 XDのプロトタイプモードを利用中の様子

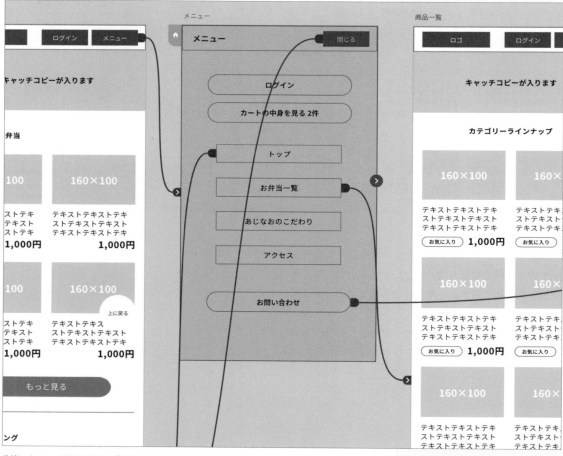

曲線によって、画面と画面とが接続されている様子が表されている

例えば、デザインツールでWebページの画面を用意したときに、画面内のボタン部分をクリックしても何も反応しません。そのような機能を実現する場合、📝コーディングやプログラミングが必要になります。しかし、プロトタイプ機能を用いれば、ボタン部分に「別ページへの移動」を設定することにより、ページ遷移の機能を実装せずに擬似的に表現できます。

ボタンを押したあとの遷移や、メニューの表示などをプロトタイプ機能で確認しておくことで、早めに問題点を**クライアント**と共有することが可能です。

Lesson3では、プロトタイプを具体的にXDで作成していく方法について学んでいきます⏩。

なお、デザインの完成後にプロトタイプを作成する場合も多く見られます。デザインの完成後のほうが実際の完成形に近い状態で確認できるため、一般ユーザーと同じ視点に立てるというメリットがあります。この場合のプロトタイプは、ディレクターが作成することもあればデザイナーが作成することもあります。

プロトタイプはワイヤーフレーム完成後とデザイン完成後の計2回作成し、それぞれのタイミングでクライアントに問題ないか承認をもらうことがベストですが、開発リソースなどの兼ね合いから1回のプロトタイプ作成となることが多く、その判断もディレクターが下すことになります。

■ デザイナーのXDの使い方

デザイナーはXDをデザイン作成のためのツールとして活用することになります。XDのさまざまな機能を十分に生かしてデザインを作成していきましょう。

XDが登場するまでは、デザインをPhotoshopやFireworks、Illustratorなどで作成することが多くありましたが、XDが登場してからはXDでWebデザインを作成する機会が増えました。

一方でPhotoshopやIllustratorの利用頻度はやや減りましたが、なくなったわけではありません。写真の加工やロゴの作成などの素材作成にはPhotoshopやIllustratorを利用したほうが適しているため、素材準備にはPhotoshopやIllustratorを利用し、レイアウトとデザインにはXDを使うという流れで活用します。

POINT
コーディングはHTMLとCSSを記述することをいい、WebサイトのプログラミングではデザイナーJavaScriptやPHPなどのプログラミング言語を記述します。

WORD クライアント
Webサイト制作を発注している依頼主である事業者を「クライアント」と呼びます。ユーザーもクライアントも、どちらも「お客様」と言い換えられるので、その区別のためでもあります。

⏩ 108ページ **Lesson3-11参照**。

memo
Webサービスを開発するプロジェクトの場合だと、ログイン画面や決済画面、管理画面など必要となる画面数がかなりの数になります。クライアントの確認と承認が円滑に行われることが求められるため、そのためにもプロトタイプの作成は必須といえるでしょう。

memo
デザイン作成のツールとして、Sketch、FigmaなどをXDのかわりに採用することも多いです。このあたりは参加しているプロジェクトでどのツールが適しているかを検討し、採用の判断をすることになります。

エンジニアのXDの使い方

　「エンジニア」は、直訳すると「技術者」となります。自動車やロボットなどの機械の技術者もエンジニアとなりますが、本書では情報技術分野の技術者を指します。また、Webサイトに関わるエンジニアは**フロントエンド**のエンジニアと**バックエンド**のエンジニアに分かれますが、本書で単に「エンジニア」と指した場合、フロントエンドエンジニアのことを指します。

　エンジニアのXDの使い方としては、デザイナーから受け取ったXDデータを「読み取る」ことが中心になるでしょう。Webデザインを完成させるためには、コーディング・プログラミングが必須となります。XDを使用すると、CSSを設定するための余白やサイズ、フォントの情報、動きなどの情報をわかりやすい状態で取得できます。

　また、XDでは配置した画像やパーツをJPGやSVGなどの形式として「書き出す」ことも可能です⊙。

WORD　**フロントエンド**

ユーザーと直接やり取りする部分のことをフロントエンドといいますが、WebサイトではGoogle ChromeなどのWebブラウザで処理される部分となります。技術としては、HTML、CSS、JavaScriptによって実装します。対義語はバックエンド。

WORD　**バックエンド**

Webサイトを表示させるためにはWebサーバーが必要ですが、Webサーバー側で処理される部分をバックエンドといいます。フロントエンドでは扱えるプログラム言語がJavaScriptでしたが、バックエンドではPHPやPython、Rubyなどが扱えます。また、データベースの処理もバックエンドで実行されます。

⊙　227ページ　**Lesson5-04**参照。

Lesson 1 02
Web制作の現場の ワークフロー

<15 min>

> **THEME テーマ** 仕事において一連のやり取りの流れをワークフローといいます。フローとは流れのことで、Webサイトを完成させるまでにはさまざまな工程とフローがあります。

どのような「流れ」でWeb制作が進んでいくのか

　Webサイト制作のワークフローは、「要件定義」「設計」「デザイン制作」「開発」「テスト」「公開・運用」といった工程に分かれます（次ページ ）。それぞれの工程を見ていきましょう。

要件定義

　制作・開発を進めるために必要な内容を洗い出し、まとめることを要件定義といいます。企画ということも多いでしょう。必要な項目としては、サイトの目的、ターゲットユーザー、サイトのコンセプト、使用するプログラム言語や採用する技術、文章や写真など必要な素材やそれらの手配、それらを踏まえた予算、スケジュールなど、多岐にわたるものとなります。

設計

　要件定義を基に、サイトのページ数、サイト構造をまとめたサイトマップの作成、ワイヤーフレームの作成を行います。ワイヤーフレームを基にしたプロトタイプもここで作成する場合があります。

デザイン制作

　要件定義で定めたターゲット、目的を基に、彩色やモチーフなどを決めた上でデザインを制作していきます。このときの成果物をデザインカンプとも呼びます。

> **POINT**
>
> Webサイトを作る場合、システムをともなうサイトを作成する場合はWeb開発と呼び、そうでないサイトの作成はWeb制作と呼びます。また、システムをともなわないWebサイトの場合でも、デザイン部分の作成は制作、コーディング・プログラミング部分の作成については開発と呼ぶことがあります。

開発

　HTML/CSS、JavaScriptのフロントエンド部分を開発していきます。大抵のWebサイトではそれだけでなく、要件定義の際に技術選定した**フレームワーク**や**CMS**を組み込んでいくことが多いです。また、このフェーズに入る直前のタイミングで、完成したデザインカンプを基にプロトタイプ作成をする場合があります。

テスト

　コーディング・プログラミングまでが完了したあとに、サイトが問題なく機能しているかを試すフェーズとして、テストを実施します。

公開・運用

　いよいよ公開となります。本番環境とテスト環境を分けている場合、本番環境に切り替えます。公開が完了しても、そのあとにブログ記事などの情報を継続して投稿していったり、新規ページを開発したりといった運用を継続していきます。

図1　Web制作の一般的なワークフロー

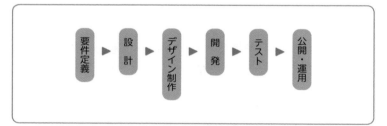

ワークフローの中でのAdobe XD

　このように、Webサイトを完成させるまでにはさまざまなフェーズがあります。その中でXDを用いるシーンとしては、設計におけるワイヤーフレーム作成とプロトタイプ作成、デザイン制作におけるデザインカンプ作成、コーディング・プログラミングにおけるプロトタイプ作成などが該当します**図2**。

> **WORD　フレームワーク**
>
> 枠組みのこと。この場合ではWebアプリケーションフレームワークのことを指し、共通化された仕組みを利用することで、少ないコードで意図する機能やデザインを実装できます。代表的なものとしてRuby製の「Ruby on rails」、PHP製の「Laravel」、JavaScript製の「React」「Vue.js」「Angular」などがあります。

> **WORD　CMS**
>
> コンテンツマネジメントシステムの略称。Webサイトの画像、テキスト、リンクなどのコンテンツを更新する際に、HTMLやCSSなどの専門知識がなくとも管理、更新ができるように構築されたシステムのことです。代表的なものとしてWordPressがあります。

図2 ワークフローの中でのXD

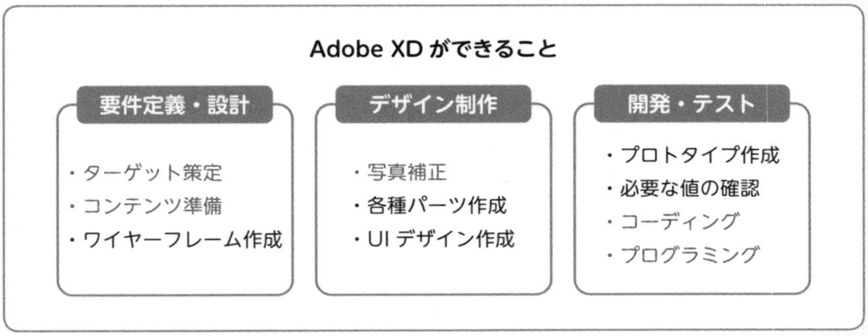

Adobe XD ができること

要件定義・設計	デザイン制作	開発・テスト
・ターゲット策定 ・コンテンツ準備 ・ワイヤーフレーム作成	・写真補正 ・各種パーツ作成 ・UI デザイン作成	・プロトタイプ作成 ・必要な値の確認 ・コーディング ・プログラミング

Webサイト制作の開始から終了までが一本道

　ワイヤーフレーム、デザイン作成、プロトタイプの確認においては複数の関係者への共有が必須となるため、共有機能に優れたXDを活用していくことで効率化にもつながります。

ウォーターフォール型開発、アジャイル型開発

　Web開発やスマートフォンアプリなどの開発ワークフローは、ウォーターフォール型、アジャイル型という2つの開発手法に分けられます。

　ウォーターフォールを直訳すると「滝」となりますが、滝が上から下に流れていくイメージのように、要件定義が終わったら次の設計に移り、設計が終わったらデザイン制作、というように一方通行で次のフェーズに進む形式の手法です。ゼロから構築するWebサイトや、リニューアルとして一新するWebサイトを構築する際は、ウォーターフォール型で開発される場合が多いです。ウォーターフォール型では前のフェーズに戻ることが難しいため、XDを活用して過不足ない制作物を用意することを心がけましょう。前述の 図1 はウォーターフォール型となります。

　一方でアジャイル型は、要件定義、設計、デザイン制作、開発、テストの各フェーズを機能やページ単位に細かく分け、それら細かい機能やページの開発を繰り返していく手法です（次ページ 図3 ）。Webサイトの一部ページを追加作成するときや、小規模なサイトとしてオープンしたあとに順次機能を追加していくときなどに適しています。アジャイル型では、開発のスピードが求められることが多くあるので、XDの各種共有機能などを用いて、作成から確認、承認までのフローを効率化しておくことが重要となるでしょう。

図3 アジャイル型開発の流れ

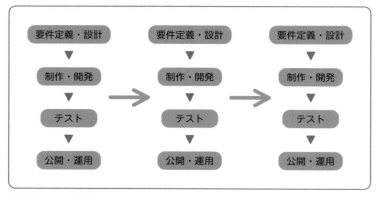

小規模な一連の流れを完了し次第、公開・運用していく方式

Lesson 1 03 Webサイトの使いやすさと Adobe XD

THEME テーマ 使いやすさを定義する言葉として、「ユーザビリティ」があります。これに加えて、周辺の考え方である、「ユーザーエクスペリエンス」や「ユーザーインターフェース」などの用語を整理しておきましょう。

ユーザビリティとユーザーエクスペリエンス

完成したWebサイトが「よいWebサイト」かどうかを判断する際は、制作者の意図した目的まで達せられるかどうかが大事な指標となります。例えば、ショッピングサイトであればユーザーに商品を購入してもらうことが目的になりますし、企業サイトであれば受注につながるお問い合わせを受けることが主な目的となるでしょう。

目的にたどり着くまでにユーザーを邪魔しない作りのWebサイトとなっている場合、「🔰ユーザビリティ」がよいWebサイトといいます。ユーザビリティとは、使いやすさや使い勝手などを測るための考え方になります。

また、近年では「UX＝ユーザーエクスペリエンス」という言葉も使われます。UXは直訳すると「使う人の体験」になり、使いやすさや目的が達成されやすいかの観点に加えて、使う人の感情部分までを含んだ考え方になります。例えば、Webサイトを使った人が好印象を受け、さらには制作者が意図した「Webサイトの目的」を達成しているなら、「UXがよいサイト」といえるでしょう。

ユーザーインターフェースとは

UXについての解説などで一緒に説明される言葉として、「UI＝ユーザーインターフェース」があります。インターフェースとは「接点」を意味し、ここではユーザーとの接点の部分、ユーザーが使う対象になります。WebサイトのUIには、ボタン、リンク、ナビゲーション、フォームなどの部分が当てはまります。

UXとUIはどちらも「ユーザー」が入ってはいますが、UXはユーザー側で起こる体験なのに対して、UIはユーザーに使ってもらう対象を指します。

UIの良し悪しは、そのままWebサイトの良し悪しになり、よいUIのWebサイトはよいユーザビリティのWebサイトとなります。よいユーザビリティのWebサイトは同時に、よいUXを提供できるWebサイトといえ

! POINT

ユーザビリティと似た意味を持つ用語で「アクセシビリティ」があります。健常者だけでなく、目の不自由な方など、どんな人でもWebサイトの情報にアクセスできることを目指すことがアクセシビリティです。

19

ます。

XDでユーザビリティやユーザー体験を確認する

　よいWebサイトとは何かというと、よいユーザビリティやよいUXを提供できているサイトになります。しかし、Webサイトの使い勝手の部分、ユーザビリティの良し悪しがわかってくるのは、プログラミングが適用される終盤になります。

　プログラミングが進んでからユーザビリティの問題が出た場合、前提となっている技術を変えることで解決する場合がありますが、そうなると根本から時間をかけて直すことになってしまうため、コストが跳ね上がります。

　「あとにならないとわからない」という問題を早めに解決するために、XDのプロトタイプ機能が役立ちます。ワイヤーフレームができた段階でプロトタイプ機能を使うことで、どのような画面が必要になるのか、どのような機能が必要になるのかなどの点を検証できます 図1 。

図1 プロトタイプで早めに問題を発見する

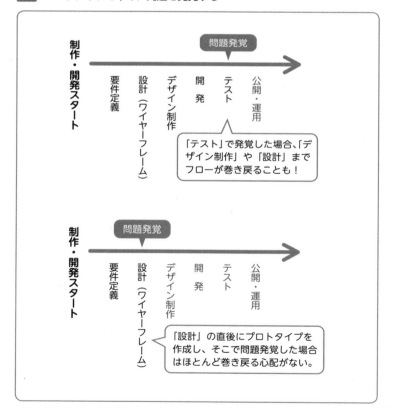

memo
プロトタイプ機能だけではフォームの入力欄などの再現は難しいため、機能面で完全なものとして検証することはできませんが、クリックやタップをした遷移先の検証や、遷移後の画面でのテキストがわかりやすいかなど、UXの多くの部分を検証することができます。

memo
コメント機能を使うことで、問題が発生している箇所や検討が必要な箇所でコミュニケーションをとりやすくなります。デザイナーならデザイナーチーム内で話し合うだけでなく、エンジニア、ディレクターそれぞれの担当範囲を少しだけ超えて、問題の解決方法をみんなで検討し合うことが大切です。

Lesson 1
04

15 min

本書で題材とする 架空のサンプルサイト

> **THEME テーマ** 本書で扱うサンプルサイトを運営している設定の、架空のお弁当販売事業者の紹介と、その設定を基にしたサンプルサイトの目的やターゲット設定を考えていきます。

サンプルサイトのコンセプト

本書では、架空のショッピングサイトを学習用サンプルの題材にしています。ショッピングサイトの一連の制作フローに、ディレクター、デザイナー、エンジニアの立場で携わりながら、XDを使って完成までを作り上げていく設定になっています。

この**ショッピングサイト**は、実在するお店を元にした、架空の事業者によるものではありますが、設定としては以下のとおりです。

WORD ショッピングサイト

Webサイト上で商品が購入できるシステムを備えたサイトのことで、ECサイト(eコマースサイト)ともいいます。

図1 本書のサンプルサイトのコンセプト

事業者名	こころ味 あじなお	
事業者情報	お弁当・お惣菜販売のショッピングサイト	
事業者所在地	東京都八王子市	
ターゲットその1	20〜30代 健康志向の女性。勤務先または住居が事業者の近所	
ターゲットその2	量と質を両立させたい20〜30代の男性。勤務先または住居が事業者の近所	
サイトの目的その1	購入してもらう	
サイトの目的その2	周辺地域での認知度アップ	
サイトの目的その3	バラエティあるお弁当が購入できることを知ってもらう	

今回は上記のとおりに用意していますが、実際の案件では「要件定義」として上記項目をディレクターが検討・検証の上に定めていくことになります。

UXやユーザビリティはターゲットと目的次第

Webサイトのリビリティは、「どのような人が対象なのか」というターゲットと、「何を達成したいのか」という目的次第で変わりますので、要件定義が重要です。

例えば、「小学生関連のWebサイト」があるとして、ターゲットが「親御さん」か「お子さん本人」かで大きくUXは変わります。

お子さん向けのWebサイトであれば、対象年齢に応じて漢字とひらがなを使い分ける、漢字にはルビをふる、文字を大きく用意する、などの対応が必要でしょう。また、興味を引くためのキャラクターなどを配置してもいいでしょう。一方で親御さん向けのサイトに、ルビがあり、文字が大きく、キャラクターにあふれたサイト構成にした場合、見やすいサイトとはいえません。

また、目的の面でも、サイト上で学習ができる種類のWebサイトなのか、それとも商品購入をうながす種類のサイトなのかで、コンテンツの種類はおのずと変わってくることになります。

サンプルサイトのターゲットと目的

本書サンプルサイトは、「大盛り」なども対応しているお弁当が商品のため、若い男性をターゲットに含んでいます。また、料理自体はバラエティのある和食なので、女性もターゲットとしています。住宅街のため、主婦もターゲットに入ってくるでしょうが、安くはないため「ちょっと奮発したい」ときになると想定しています。

サンプルサイトの目的としては、ECサイトなのでもちろん第一には「売上げアップ」です。

次の目的が、店舗所在地の「周辺地域への周知」となります。

3つ目の目的として、「バラエティ豊かな種類を紹介する」というものがあります。これは購入できるお弁当の種類が豊富なので、そのことを十分にアピールすることでブランド力の向上にもつながるからです。

ターゲットや目的は、あくまでも事業者さん側の考えや想い、達成したい目標などを基に作りますので、事業者さんと入念に打ち合わせや調査を実施した上で作成すると、より精度が高いものになるでしょう。

> **memo**
>
> 全国での展開を狙う場合は冷蔵や冷凍便が必須となりますが、それを実施しないために「周辺地域」をターゲットとしている側面もあります。また、サイトオープン当初は周辺地域をターゲットとし、あとから全国展開として冷蔵便を選択可能になるよう制作しておく、などの作り方もあります。

Adobe XDの基本

このLessonでは、Adobe XDの概要と特長、基本的な操作方法、画面構成やツール名称について学びます。深く学ぶ前の基礎となる内容ですので、しっかり理解しておきましょう。

読む 〉 ワイヤーフレーム 〉 デザイン 〉 コーディング 〉

Adobe XDでできること

THEME
テーマ
Webサイトやモバイルアプリケーションをデザイン、プロトタイピングするツールとして近年注目が集まっているAdobe XD。このLessonでは、XDは何ができるツールなのかを解説します。

Adobe XDとは？

XDは、Adobeが提供する**デザイン・プロトタイピングツール**です。Webサイトやモバイルアプリケーションをデザインできるだけにとどまらず、画面遷移やアニメーションを加えてプロトタイプを作成できます。また、デザインやプロトタイプをほかのユーザーに共有して共同作業をしたり、コメントをつけて議論したりすることもできます。

→ 12ページ **Lesson1-01**参照。

これまでのデザインツールとの違い

XDと、PhotoshopやIllustratorといったこれまでのデザインツールには、いくつかの違いがあります。その中でも一番大きな違いは、XDがWebサイトやモバイルアプリケーションといった**！オンスクリーンメディア**向けコンテンツのデザインに特化していることです。

例えば画像やテキストの繰り返しを一瞬で作成できるリピートグリッドや、パーツの使い回しを効率的にできるコンポーネント、といった便利な機能が豊富に用意されています。

一方、Photoshopはもともと写真補正や合成、Illustratorは印刷物のデザインに特化したデザインツールのため、高品質なビジュアルを作り込む用途には向いていますが、オンスクリーンメディア向けのコンテンツとなると、機能的に物足りないと言わざるを得ません。

それぞれのツールには向き・不向きがありますので、用途によって使い分けることが重要になります。実際の現場でも、PhotoshopやIllustratorで作成したパーツをXDに読み込んで使う、というシーンは多々あります。

！ POINT

オンスクリーンメディアとは、PC、スマートフォン、タブレットのほか、ゲーム機やサイネージなどを含むメディアの総称です。ある情報を伝達するとき、ユーザー一人ひとりの環境に合わせて表現を変えて提供する特長があります。例えばプリントメディア（印刷物）は誰から見ても同じ印刷された紙から情報を得ることになりますが、オンスクリーンメディアでは同じURLでもPC、スマートフォンといった端末によって表現方法が変わってきます。また、同じスマートフォンでもOSや画面サイズが異なる場合にも表現が変わる場合があります。

memo
リピートグリッドについては86ページ（Lesson3-07）、コンポーネントについては72ページ（Lesson3-04）を参照。

memo
Photoshop、Illustratorとの連携方法については193ページ（Lesson4-13）を参照。

XDでできる3つのこと

XDでは、主に以下の3つのことができます。

- デザイン
- プロトタイプ
- 共有

デザイン

Webサイトやモバイルアプリケーションのワイヤーフレームやデザインカンプを作成できます。誰でも簡単に使えるよう機能が厳選されているため、デザイナーだけでなく、ディレクターやエンジニアでも気軽に扱えます。

デバイスプレビュー機能を使うと、USBケーブルで接続したスマートフォン端末でモバイル向けに作ったデザインをリアルタイムにプレビューしながら調整したりすることもできます。

プロトタイプ

デザインした画面に画面遷移やアニメーションを加え、プロトタイプを作成できます。リンクをクリックしたらどの画面に遷移するのか、ボタンを押すとどんなメニューが表示されるのか、といった動作を直感的なインターフェイスでかんたんに実現可能です。

また、Web制作の現場ではマイクロインタラクションなど、アニメーションが求められるシーンが増えてきています。XDではプログラミングなしでデザインツール上でアニメーションを作れることも強みの1つです。

共有

クラウドを通してほかのデザイナーとリアルタイムに共同作業をしたり、ほかのメンバーにプロトタイプを共有してコメントをつけ合ったりできます。

共有機能を使えば、XDを持っていない人でもブラウザからコメントできるため、ほかのメンバーやクライアントからのフィードバックを得たり、合意を形成したりするのに便利です。

WORD ▶ プロトタイピング

プロトタイプを作ったり、プロトタイプを使って検証したりすることをプロトタイピングと呼びます。

WORD ▶ マイクロインタラクション

ユーザーの操作に対するフィードバックや、インターフェイスの状態変化をより適切に伝えるためのデザイン技法のこと。多くの場合、アニメーションを用いた視覚表現によってわかりやすさや、使いやすさの向上を狙います。

Adobe XDの特長

 XDはデザイン・プロトタイピングツールとして非常に有効な特長が3つあります。本節では、それぞれの特長について詳しく解説します。

■ 動作が軽快

1つ目の特長は、PhotoshopやIllustratorに比べて起動時間が短く、ツール自体も軽快に動作する点です。

XDは「Design at the speed of thought.（思考と同じ速さでデザインする）」を開発ポリシーにしており、思いついたアイデアを形にするまでの時間的なストレスがなく、非常にスピーディーに作業できます。多くのデザイナーが、イメージしたものを即座に具現化できることに大きなメリットを感じるはずです 図1 。

図1 ほかのAdobeツールと比べて軽快に起動できる

 起動に時間がかかる
ファイルサイズによって動きが遅くなりやすい

 とにかく軽い！
▼
アイデアをすぐ形にできる

例えば1,500以上のアートボードを作成しても問題なく動作し、ファイルサイズもコンパクトです。PhotoshopやIllustratorでは、動かないどころか開くこともままならないでしょう。

また、デザイナーやエンジニアが持っているようなハイスペックなPCはもちろん、営業やディレクターに提供されるような比較的低めのスペックのPCでも十分に機能します 図2 図3 。

WORD ▶ アートボード

Webサイトやアプリケーションなどの1画面を表す作業領域のことです。詳しくは30ページ（Lesson2-03）を参照。

図2 XDに必要なシステム構成（2021年8月現在）

Mac

macOS 最小システム構成	詳細
OS のバージョン	macOS X v10.14 以降
ディスプレイの解像度	サイズ：13 インチ以上・解像度：1400 x 900・Retina 推奨
メモリ（RAM）の容量	4GB 以上

Windows

Windows OS 最小システム構成	詳細
OS のバージョン	Windows 10（64 ビット）バージョン 1809（ビルド 10.0.17763）以降
ディスプレイの解像度	サイズ：13 インチ以上・解像度：1280 x 800
メモリ（RAM）の容量	4GB 以上

図3 1,568のアートボードでファイルサイズは31.8MB

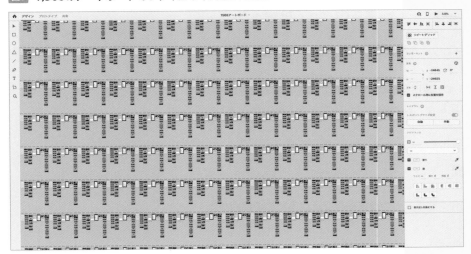

使い方が簡単

　2つ目の特長は、初めて使う方でも問題なく使いこなせるほど**学習コストが低い**点です（次ページ**図4**）。

　PhotoshopやIllustratorに比べると、XDはメニューやツールが少ないことがわかります。

図4　ほかのAdobeツールと比べてメニューやツールが少ない

メニューやツールがたくさん…
使いこなすには時間がかかる。

メニューやツールが少なくて
初心者でも分かりやすい！

　PhotoshopやIllustratorは発売されてからの歴史が長く、用途も多岐に
渡っているツールです。ある程度使いこなせるようになるには、一定の
学習コストが必要になります。また、プロでもすべての機能を使ってい
る人は極稀でしょう。

　対してXDはメニューもツールの種類も少ないので、簡単な操作で直感
的に扱うことができます。

　筆者はセミナーや大学・専門学校などの講義でXDを教える機会もあり
ますが、おおよそ2時間程度で基本的な操作はできるようになるほどで
す。

効率的な機能

　3つ目の特長は、制作や修正などの**作業効率を上げるための機能がた
くさんある**点です 図5 。

　Photoshop、Illustratorといった従来のデザインツールでWeb制作を行
うと、以下のような点で苦労することが多々あります。

● 画像を挿入する際に一つひとつリサイズしなければならない
● 必要に応じてマスクも一つひとつ調整しなければならない
● 指定された箇所に文字を一つひとつ挿入しなければならない
● リストを作るときのマージン(要素と要素の隙間)調整　など……。

　XDでは、「リピートグリッド」という機能を使えばこれらの問題を一瞬
で解決できます。

図5　作業が楽になる機能が数多く備わっている

リサイズ・マスク・文字挿入・修正…
いろいろと面倒なことも多い。

作業が簡単で・速く・修正にも強い！
制作時間の短縮につながる！

　また、「コンポーネント」という機能を使うと、各ページで同じような要素を使用している際、1つを修正するだけですべての要素に反映させることができます。

　XDを使うと非常に速く、かつ修正もしやすいファイルが作れるため、効率的になるだけではなく、アイデアを形にする工程がもっと楽しくなるはずです。

　作業を速くできるということは、そのぶんコンテンツを考えたり、改善したりといったほかの時間に費やせるということでもあり、成果物の品質をより高めることにも貢献できます。

> **memo**
>
> XDのこうした利点が評価され、2017年の10月の正式リリース以降、2017年から2018年の1年間で日本のユーザー数は着実に増加し続け、MAU（Monthly Active User：月の新規利用者数の割合）が世界第2位（1位はアメリカ）になるほど普及しています。

Lesson 2
03

Adobe XDの
基本操作の流れ

THEME テーマ　XDで新しくファイルを作成する方法から保存する方法まで、基本的な操作の流れを解説します。職種や役割に関係なく、最低限理解が必要な操作をまとめていますので、以降のLesson前に一通りチェックしておきましょう。

ホーム画面からファイルを作成する

XDを起動すると、まずはホーム画面が表示されます 図1 。新しくファイルを作成するときは、プリセットの中から作りたいアートボードのサイズを選びます。

図1　ホーム画面

アートボードとは、Webサイトやアプリケーションなどの1画面を表す作業領域のことです。例えば一般的なWebサイトをデザインするときは、1ページ＝1アートボードで制作していきます。1つのXDファイルには異なるサイズのアートボードをいくつでも含められますので、数十〜数百ページのWebサイトでもファイルをまたぐことなくシンプルに管理できます 図2 。

図2 1つのXDファイルには複数のアートボードを含められる

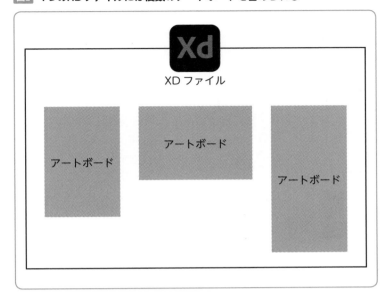

memo

レスポンシブWebデザインのように、1つのページの見た目がデスクトップとモバイルで異なる場合、1ページを複数のアートボードでデザインすることもあります。本書でも実際によくある例を基に、**Lesson4**（121ページ〜）でWebデザインの過程を解説しています。

　アートボードのサイズは、ファイルを作成したあとでも自由に変更できます。ここでは試しに「Web 1920 (1920 x 1080)」を選びましょう **図3**。

図3 プリセットからWeb 1920を選ぶ

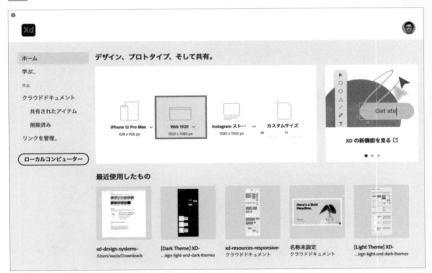

　プリセット名の右横にある「ﾊ」ボタンをクリックすると、より多くの選択肢からアートボードのサイズを選べます（次ページ**図4**）。また、一番右のカスタムサイズでは、好みの幅と高さを入力して任意のサイズのアートボードを作れます。

図4 プリセットのより詳細な選択肢

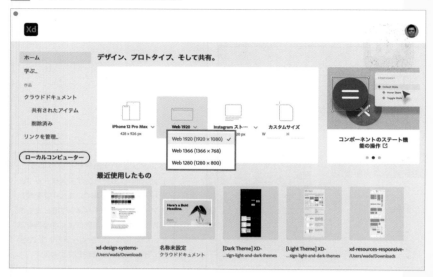

　アートボードのサイズを選ぶとワークスペースが表示されます 図5 。ワークスペースとは、XDでのデザインやプロトタイピングといった操作のほとんどを行う作業場所のことです。ワークスペースの中央には、選択したサイズのアートボードが作成されています。

図5 ワークスペース

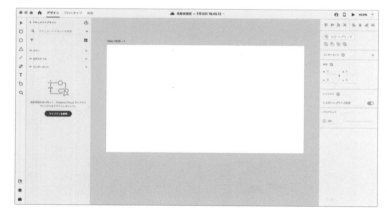

ワークスペースの移動・拡大・縮小

XDでは1つのファイルに複数のアートボードを作っていくため、頻繁に移動・拡大・縮小を行うことになります。まずはこの基本的な操作を覚えておきましょう。

操作するデバイスによってさまざまな方法があるため複数の方法を紹介しますが、すべて習得する必要はありません。自分が使いやすいと思った方法だけを覚えておけばOKです。

移動

ファイル内を移動します 図6 。

図6 **移動**

操作デバイス	操作方法
トラックパッド	2本指で上下左右にスクロール
キーボード＋マウス	キーボードの space キーを押しながらドラッグ

拡大

ファイル内の表示領域を拡大します 図7 図8 。

図7 **拡大**

操作デバイス	操作方法	
トラックパッド	2本指でピンチイン	
マウスのみ	画面左側のツールバーから「ズーム」ツールをクリックして選択した状態でクリック	
キーボードのみ	⌘［Ctrl］＋ shift ＋ ; キー	

> **POINT**
>
> キーボードとマウスで操作するとき、左右のパネル部分からドラッグをはじめることはできないため注意しましょう。

> **memo**
>
> キーボードのZキーを押すことでも「ズーム」ツールに切り替えられます。「ズーム」ツールを選択中は、マウスポインタが虫眼鏡に変化します。

図8 ツールバーから「ズーム」ツールを選んだ状態

縮小

ファイル内の表示領域を縮小します 図9 。

図9 縮小

操作デバイス	操作方法
トラックパッド	2本指でピンチアウト
マウスのみ※	画面左側のツールバーから「ズーム」ツールをクリックして選択した状態で、option［Alt］キーを押しながらクリック
キーボードのみ	⌘［Ctrl］＋ - キー

※一部キーボード操作が必要

■ その他、覚えておきたい操作

実寸で表示したいときは、画面上部のメインメニューから「表示」→「100％」を実行します 図10 。拡大・縮小した状態でデザインを続けていると実際のサイズ感を誤ることがあるので、ときおり100％表示にして確認することをおすすめします。

図10 100%表示

　特定の領域だけを拡大したいときは、「ズーム」ツールを選択した状態
で、拡大したい領域をドラッグします**図11**。ファイル内の一部が画面に
含まれるように拡大したいときに便利です。

図11「ズーム」ツールで拡大したい領域をドラッグ

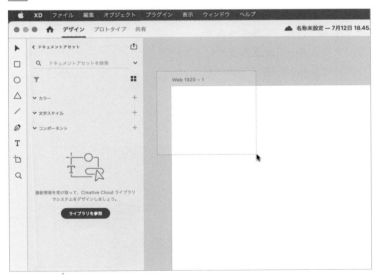

　移動や拡大・縮小を繰り返して、自分がどこを見ているかわからなく
なったときは、メインメニューから「表示」→「画面に合わせてすべてを
ズーム」を実行します（次ページ**図12**）。ファイル内に含まれているすべて
のオブジェクトが表示領域に収まるように拡大率や位置を調整してくれ
ます。

 POINT

Windows版ではメニューの名前が「表
示」→「全体表示」になっていますが、機
能としては同じです。

図12 画面に合わせてすべてをズーム

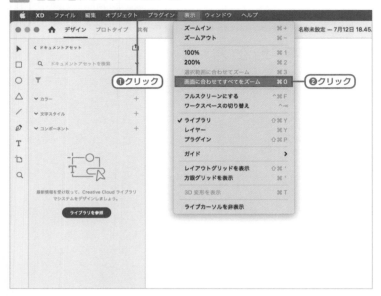

アートボードの基本操作

　それでは作成したアートボードのサイズを変更してみましょう。XDで何かを操作するときは、まず操作の対象を選択することからはじめます。ここではアートボードを操作するので、画面中央に表示されているアートボードをクリックします。アートボードの枠線と、左上に表示されているアートボード名が青色に変化したら、アートボードが選択状態になっています図13。選択を解除するには、ペーストボード（アートボード外側の灰色の領域）をクリックします。

> **memo**
> キーボードのescキーでも選択状態を解除できます。

図13 選択状態の切り替え

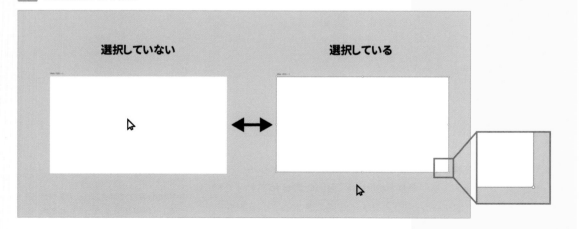

アートボードを選択すると、枠線の周囲にハンドル（白い丸）が表示されます。ハンドルをドラッグすると、アートボードのサイズを変えることができます図14。

POINT

shiftキーを押しながらドラッグすると、比率を保った状態で拡大・縮小できます。

図14 ハンドルのドラッグでアートボードのサイズを変更する

正確に数値を指定してサイズを変えたいときは、画面右側のプロパティインスペクターを利用します図15。XDでは、選択中のオブジェクトに合わせてプロパティインスペクターの表示が切り替わり、オブジェクトに合わせた操作ができるようになっています。アートボードを選択した状態で表示される「W」は幅、「H」は高さを表しており、それぞれ半角数字で入力してreturn [Enter] キーを押すと、任意のサイズに変更できます。

図15　プロパティインスペクターでアートボードのサイズを変更する

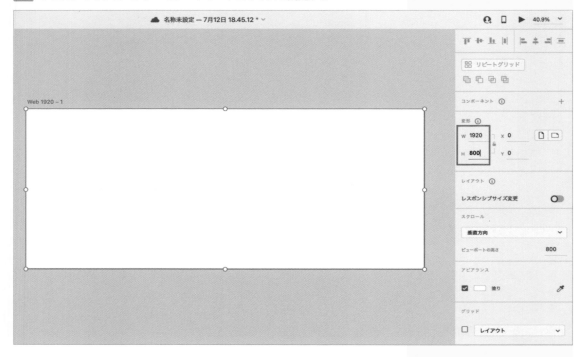

　このとき、「縦横比を固定」アイコンをクリックして固定を有効にしておくと、幅・高さいずれかを変更したときに、もう一方の値も比率を固定したまま自動的に変更されます図16。

┌ memo
数値入力の領域をクリックした状態でキーボードの↑、↓キーを押すと、1pxずつ増減させることもできます。

! POINT

幅、高さのように数値を入力する箇所全般では、四則演算も利用できます。現在の値を基に相対的に結果を求めたいときに便利です。例えば現在の幅が「800」で、「125」を足したいときは、「800+125」と入力してreturn [Enter] キーを押すと、足し算の結果である「925」が入力されます。引き算は「-」、掛け算は「*」、割り算は「/」をそれぞれ利用します。

図16 縦横比を固定する

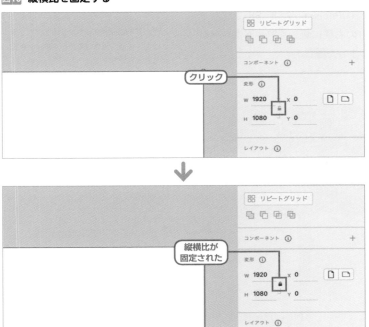

続いて、異なるサイズの新しいアートボードを作ってみましょう。ツールバーから「アートボード」ツールをクリックします図17。

図17 ツールバーから「アートボード」ツールを選んだ状態

プロパティインスペクターがアートボードのサイズのプリセット一覧
表示に切り替わりますので、一覧の中から「iPhone 6、7、8、SE」をクリッ
クします。最初に作成したアートボードの右横に新しくアートボードが
追加され、自動的にその位置まで移動しました図18。

memo
「アートボード」ツールを選んだ状態で
ペーストボードをドラッグ＆ドロップす
ると、任意の大きさでアートボードを作
ることもできます。

図18 新しく追加されたアートボード

このように、XDのファイルには複数のアートボードを含めることがで
きます。

クラウドドキュメントとローカルドキュメント

XDで作成したファイルは、デフォルトでは何もしなくても自動的にク
ラウド上に保存されているため、いちいち保存作業をしなくても最新の
状態から作業を再開できます。XDでは、このクラウド上への保存形式の
ことをクラウドドキュメントと呼びます。試しに、作成した2つの空の
アートボードが含まれたファイルを、何もせずに閉じてみましょう。メ
インメニューから「ファイル」→「閉じる」を選んでファイルを閉じます
図19。

図19 メインメニューから「ファイル」→「閉じる」でファイルを閉じる

再度XDを起動して、ホーム画面で「クラウドドキュメント」をクリックします図20。

図20 ホーム画面で「クラウドドキュメント」をクリック

すると、先ほど作業していたファイルが「名称未設定 — ●月●日●.●.●」（●の中は実際の作業日時が入ります）という名前で表示されています（次ページ図21）。一覧からファイルをクリックして開くと、先ほどのファイルが開けます。クラウドドキュメントは、Creative Cloudの契約状態に応じて使えるクラウドストレージに保存されますので、同じAdobe IDでログインしている別のコンピューターで開いたり、ほかのユーザーに共有して同時に編集することも可能です➡。

> **POINT**
>
> ドキュメントの名前を変更したいときは、メインメニューの「ファイル」→「名前を変更」を選ぶか、ワークスペースの画面上部に表示されているファイル名をクリックします。

➡ 252ページ **COLUMN参照。**

図21 クラウドドキュメント

　このようにクラウドドキュメントを使えば、一般的なアプリケーションのように作業のたびにファイルを保存したり、受け渡したりといった手間から解放されるメリットがあります。

　一方、クラウドドキュメントにもデメリットがあります。例えば、クラウドドキュメントは必ずCreative Cloudのクラウドストレージに保存されるため、仮にCreative Cloudで障害が起きた場合に一切のアクセスができなくなってしまいます。また、ストレージの容量は契約に応じて上限が設定されているため、容量上限以上のファイルは保存できません。

　そこでXDでは、一般的なアプリケーションと同様にローカルへファイルを保存する、ローカルドキュメントという保存形式もサポートしています。ローカルドキュメントで保存するには、メインメニューから「ファイル」→「ローカルドキュメントとして保存」を選び、保存場所とファイル名を決定します図22。

> **！ POINT**
>
> ローカルドキュメントとして保存した
> XDファイルの拡張子は「.xd」です。

図22 ローカルドキュメントとして保存

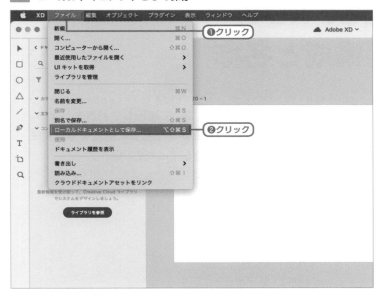

　以下にクラウドドキュメントとローカルドキュメントの違いをまとめましたので、それぞれのメリット・デメリットを考慮して使い分けるとよいでしょう図23。

図23 クラウドドキュメントとローカルドキュメントの違い

	クラウドドキュメント	ローカルドキュメント
保存場所	Creative Cloud のクラウドストレージ	ローカルのコンピューター
保存容量	Creative Cloud の契約プランに依存⚪	コンピューターのストレージに依存
保存タイミング	自動	手動
インターネット接続	必要（オフライン編集機能あり）	不要
バージョン管理	あり	なし（手動）
共同編集	できる	できない

48ページ　**COLUMN**参照。

Adobe XDの画面構成と名称

Lesson 2
04
30 min

ホーム画面

XDを起動したときに最初に表示されるのがホーム画面です 図1 。ここでは新しくファイルを作成したり、既存のファイルを開いたりできます。

図1 ホーム画面

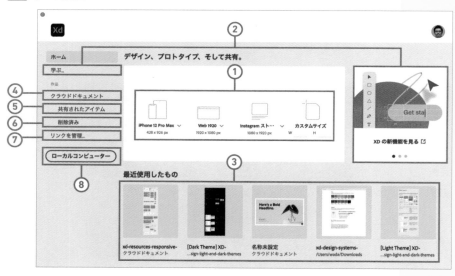

① 新規ファイル作成
プリセットの中から作成したいアートボードのサイズを選ぶと、新しくファイルを作成します。

② 利用ガイド、学ぶ
Adobe公式のXD学習コンテンツをブラウザで表示します。

③ 最近使用したもの
最近開いたXDファイルを一覧表示します。

④ クラウドドキュメント

作成済みのクラウドドキュメント◯を一覧表示します。ファイルを開く、削除、名前の変更、フォルダの作成、移動などができます。

⑤ 共有されたアイテム

ほかのユーザーから共有されたファイルを一覧表示します。

⑥ 削除済み

クラウドドキュメントから削除したファイルを一覧表示します。一度削除したファイルは、macOSやWindowsのゴミ箱のように一時的にこちらに移動されます。削除済みにあるファイルもクラウドストレージの容量を消費しますのでご注意ください。完全に削除すると容量は使わなくなりますが、二度と復元できなくなります。

⑦ リンクを管理

XDの共有モードで発行したURLを管理するページをブラウザで表示します。

⑧ ローカルコンピューター

コンピューターに保存済みのローカルドキュメントを開きます。XDファイルのほか、PSD（Photoshop）ファイル、AI（Illustrator）ファイル、SketchファイルをXDファイルに変換して開くこともできます。

→ 40ページ　**Lesson2-03**参照。

> 📝 **memo**
>
> PSD、AI、SketchファイルからXDファイルへの変換では、すべての機能がサポートされているわけではありません。機能ごとのサポート状況については公式ドキュメントを確認してください。
>
> PSD（Photoshop）
> https://helpx.adobe.com/jp/xd/kb/open-photoshop-files-in-xd.html
> AI（Illustrator）
> https://helpx.adobe.com/jp/xd/kb/open-illustrator-files-in-xd.html
> Sketch
> https://helpx.adobe.com/jp/xd/kb/open-illustrator-files-in-xd.html

ワークスペース

ワークスペースは、XDでデザインやプロトタイピングといった操作のほとんどを行う作業場所です 図2 。

図2 ワークスペース

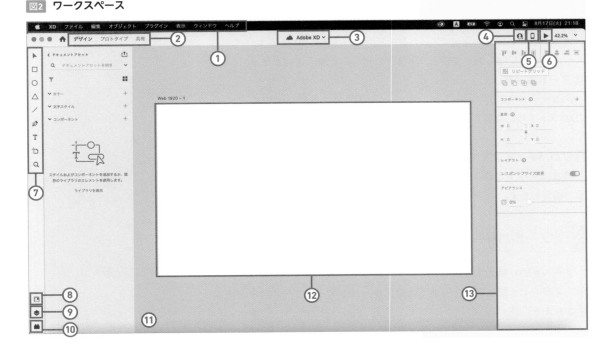

① メインメニュー

表示されているメニューを選んで実行します。

② モード切り替え

デザイン、プロトタイプ、共有の3つのモードを切り替えます。

③ ファイル名

現在開いているXDファイルの名前を表示します。

④ ドキュメントに招待

Adobeアカウントを持つほかのユーザーを、現在開いているXDファイルの共同編集に招待します。

⑤ モバイルプレビュー

お使いのコンピューターと、モバイルデバイスのOSに合わせた、モバイルでのプレビュー方法を表示します。

⑥ デスクトッププレビュー

現在開いているXDファイルをデスクトップでプレビューします。

⑦ ツールバー

モードに応じたツールが表示され、切り替えて使用します。

⑧ ライブラリ

現在開いているファイルに含まれるアセット（カラー、文字スタイル、コンポーネント）や、CC（Creative Cloud）ライブラリに保存したアセットを管理するパネルの表示／非表示を切り替えます。

⑨ レイヤー

レイヤーやアートボードを管理するパネルの表示／非表示を切り替えます。

⑩ プラグイン

プラグインを管理するパネルの表示／非表示を切り替えます。

⑪ ペーストボード

アートボード以外の領域（アートボード外側の灰色の領域）です。ペーストボードに配置したオブジェクトはプレビューに表示されません。

⑫ アートボード

Webサイトやアプリケーションなどの1画面を表す作業領域です。1つのXDファイルには異なるサイズのアートボードをいくつでも含められます。

⑬ プロパティインスペクター

現在のモードと選択中のオブジェクトに応じて各種プロパティを表示、編集します。

> **memo**
> 各ツールの詳しい使い方については、
> Lesson03（49ページ）以降を参照。

ツールバー

ツールを切り替えて使用します。デザインモードではすべてのツールが、プロトタイプと共有モードでは選択ツールとズームツールのみが表示されます 図3 。

図3 ツールバー

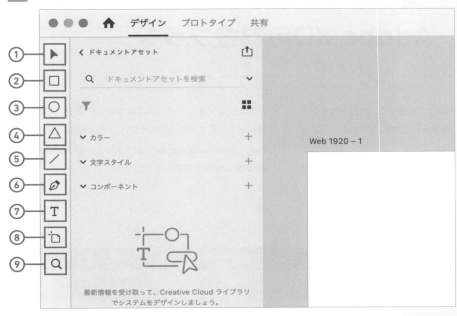

ツール名	機能	ショートカット
① 選択ツール	オブジェクトをクリックで選択、ドラッグで移動します。	V キー
② 長方形ツール	ドラッグして矩形を描画します。キーボードの shift キーを押しながらドラッグすると正方形を描画します。	R キー
③ 楕円形ツール	ドラッグして楕円を描画します。キーボードの shift キーを押しながらドラッグすると正円を描画します。	E キー
④ 多角形ツール	ドラッグして三角形を描画します。キーボードの shift キーを押しながらドラッグすると正三角形を描画します。プロパティインスペクターから頂点数を増やすこともできます。	Y キー
⑤ 線ツール	ドラッグして直線を描画します。キーボードの shift キーを押しながらドラッグすると 45 度単位で直線を描画します。	L キー
⑥ ペンツール	クリックした位置にアンカーポイントを追加し、パスを作成します。	P キー
⑦ テキストツール	クリックした位置にテキストを作成し、文字を入力できます。	T キー
⑧ アートボードツール	クリックした位置にアートボードを作成します。	A キー
⑨ ズームツール	表示領域を拡大・縮小します。クリックで拡大、キーボードの option［Alt］キーを押しながらクリックすると縮小します。	Z キー

Column

Adobe XDの料金プラン

XDを使うためには3つの料金プランがあります。どのプランでも本書の学習は進められますので、自分に適したプランを選んでXDをインストールしておきましょう。なお、いずれもAdobe IDというAdobe専用のアカウントを取得する必要があります。Adobe IDの

取得は無料です。プランの内容や料金は変更になる場合がありますので、最新情報はAdobeのWebサイト（https://www.adobe.com/jp/products/xd/pricing/individual.html）で確認してください。

図1 **各プランの詳細（2021年8月現在）**

	スタータープラン[※1]	単体プラン	コンプリートプラン
使えるアプリ	XD	XD	XD を含む 20 以上の Creative Cloud アプリ
料金	無料	1,298 円／月[※2]	6,248 円／月[※2]
共同編集	共有ドキュメント 1 つまで 追加編集者 1 人まで	無制限	無制限
作成できる共有リンク	1 つまで	無制限	無制限
クラウドストレージ	2GB	100GB	100GB
ローカルドキュメントの保存	×	○	○
ドキュメント履歴	10 日間	30 日間	60 日間
Adobe Fonts	一部利用可	すべて利用可	すべて利用可
PDF 書き出し	2 回まで	無制限	無制限

※1 スタータープランでは、Adobe IDでログインした状態で以下のURLにアクセスするとXDをダウンロードできます。
https://creativecloud.adobe.com/apps/download/xd

※2 月々プラン（月払い）の場合。年間プラン（年間一括払い）の場合は割引があります。

ディレクター視点で使う

ここでは、Webサイトを作る上で欠かせないディレクション
とは、どんな仕事内容なのかを見ていきます。また、ディレク
ションで重要となるワイヤーフレームをAdobe XDで作成して
いくことで、XDのさまざまな基本操作を学んでいきましょう。

読む　＞　ワイヤーフレーム　＞　デザイン　＞　コーディング

ディレクターの仕事内容

THEME
テーマ
ディレクターの仕事内容は、どんなものがあるのでしょうか。多岐に渡るその内容を、サイト制作の「開始前」「開始後」に分類し、細かく見ていきましょう。

ディレクターがWebサイトの品質を左右する

Webサイトを制作するにあたって、「ディレクター」は必ず必要となる役職です。ディレクターの役割を大きく2つに分けると、Webサイトの目的を定めてそれを実現させるための企画を用意する「要件定義」と、Webサイト制作が開始したあとにデザイナーやエンジニアを管理する「ディレクション」に分かれます。

この2つの役割のうち、要件定義は目的を定めるためのものなので、間違った目的を設定してしまうと、商業Webサイトであれば利益は想定の半分以下になってしまうでしょう。

また、管理業務であるディレクションが不足していると、スケジュールを超過する、などの問題が発生します。情報解禁日が決まっているテレビゲームなどのWebサイトの場合、スケジュールは間に合ったものの、クオリティの低いWebサイトとなってしまいます。その結果として、商品の売上や予約数に悪影響を与えてしまうかもしれません。

ここまでディレクション不足でのマイナス面を強調しましたが、ディレクションの効果でクオリティが格段に上がる、ということもまた多くあります。このように、ディレクターはWebサイト制作に欠かせない存在ですので、デザイナーやエンジニアも、ディレクターの仕事を把握しておくことは重要といえます。

> **memo**
> 専任のディレクターが不在の場合、デザイナーやエンジニアがその業務を兼任します。

サイト制作開始前のディレクターの仕事

ディレクターの仕事のうち、まずはWebサイト制作「開始前」の仕事を見ていきましょう。

開始前の仕事は、クライアントなど決定権のある人との**打ち合わせ**などのやり取り 図1 を元に、達成すべきWebサイトの目的を設定し、そのために必要なWebサイトの機能やコンテンツを導入するための準備をする仕事となります。

具体的には次のような仕事があります。

> **WORD** 打ち合わせ
> ミーティング、ヒアリングとも呼びます。

> **POINT**
> このことを要件定義といいます。

- クライアントとの打ち合わせ
- クライアントの事業の調査
- 要件定義
- 企画書作成
- 見積り
- スケジュール作成
- ご提案
- 人員確保
- サイトマップ作成
- ワイヤーフレーム作成
- プロトタイプ作成

　Webサイト制作の開始前におけるディレクターの仕事は、Webサイトの要件定義、企画書作成、設計とそれらの提案が中心となります。

　全体の方向性を決めるだけでなく、Webサイトの価値を左右する仕事が多くあります。また、ディレクターの考えだけで決まるものでもなく、クライアントの達成したい目的、使う人（ユーザー）にとってのメリットも踏まえつつ、Webサイトを設計していくことになります。

図1　クライアントとディレクターとのやり取り

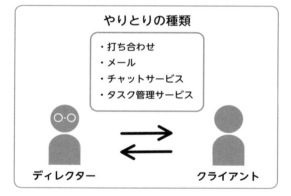

　設計の一環として、ワイヤーフレーム作成の仕事、プロトタイプ作成の仕事がありますが、ワイヤーフレームについては画面設計とAdobe XD◯、プロトタイプについてはプロトタイプを作成する◯でそれぞれ詳しく扱います。

サイト制作開始後の仕事

　ここまではWebサイト制作を開始する前のディレクターの仕事を見てきました。続いて制作の開始後では、デザイナーとエンジニアの間に立って、それぞれの作業が円滑に進むように調整をすることが中心となります。主に次のような仕事があります。

---

memo
自社のWebサービスを運用していく種類のディレクターだと、制作・開発開始前の仕事がほとんどなく、制作中の仕事が中心というケースもあります。

memo
クライアント側は図では1人ですが、複数人で対応することもあります。

53ページ　**Lesson3-02**参照。

108ページ　**Lesson3-11**参照。

- タスク・スケジュール進捗管理
- デザイナー・エンジニアの進行管理
- 写真・文章素材手配
- 文章作成
- 追加人員の確保
- 追加人員へのタスク発注

　進捗の管理や進行管理の仕事では、デザイナーやエンジニアに作業の指示を出し、進み方が問題ないかどうかを確認していきます。管理、といっても事細かに指示・確認をするようなことはなく、大まかに決まっていた作業を細かく分けたり、エンジニアとデザイナーのそれぞれの意見をすり合わせたりするほか、スケジュールの遅れなどがないかをチェックし、遅れ気味の場合は対策を講じたりする仕事になります。

　ディレクターからデザイナーへ、ディレクターからエンジニアへ、それぞれ一方通行に指示が出るわけではなく、役職での認識のずれや間違いがないよう、お互いに意見を出し合うことが大切です 図2 。

<u>memo</u>
デザインなどの中間成果物が出来上がってきたときに適切なタイミングでクライアントと共有し、問題がないかどうか確認する仕事や、クライアントからの要望があればそれを引き出して、デザイナーやエンジニアに伝える仕事も含まれます。

図2 **ディレクターとデザイナー、エンジニアとのやり取り**

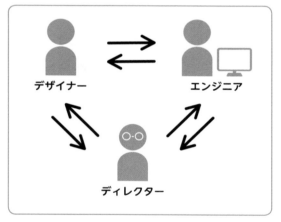

デザイナーとエンジニアが直接やり取りをすることも多くある

　また、例えば組織内に写真撮影の人員がいない場合は、写真撮影を外部委託しなければなりません。そのための予算確保や、手配、値段交渉などもディレクターが担当します。

　このように、ディレクターの仕事は、プロジェクトを成功させるために、チームメンバー間を円滑にしたり、クライアントとチームメンバーの間で橋渡し役になったりと、コミュニケーションが重視な仕事が多くあります。

　XDを活用することで、コミュニケーションのずれや煩雑なやり取りを減らせるケースは多数ありますので、上手に活用していきましょう。

<u>memo</u>
制作開始後のディレクターの仕事は、制作開始前の仕事に比べると仕事の種類としては少ないのですが、複数人いるデザイナー、エンジニアチームのディレクションを1人や少人数で担当する場合もあり、その作業量は「開始前」の仕事と比べて決して少なくありません。

Webサイト制作における画面設計

15 min

> **THEME テーマ**
> Webサイトを制作する上で欠かせない作業工程が「画面設計」です。画面設計は主にワイヤーフレーム作成のことを指しますが、その前に必要なサイトマップ作成と、ワイヤーフレームの種類などを理解しましょう。

画面設計とは

Webサイト制作・開発における画面設計とは、文字どおり画面を設計することです。この画面設計には、主にはワイヤーフレームの作成が含まれますが、本書ではこれに加えて、サイトマップの作成、そしてプロトタイプの作成の3つも含むと定義します。

Webサイトにおける画面は「Webページ」と言い換えることができ、たいていのWebサイトは複数のWebページから構成されています。このとき、どんなページが必要になるのか、どのページがつながっているのかを把握するため、まずは「サイトマップ」が必要になります。

サイトマップとは

サイトマップとは、Webサイトを構成しているページをリストとして書き出し、階層構造として図や表にしたものです。

サイトマップで用意するページのうち、ブログの記事ページや、ショッピングサイトの商品ページなど、同一パターンのページが量産される場合は1ページ分の記載としておきます。

サイトマップには、図として作るサイトマップと、表として作るサイトマップがあります。それぞれ見ていきましょう。

図として作るサイトマップ

図としてのサイトマップは、図形がページを表し、線がリンクでつながっていることを表しています（次ページ 図1）。

図として作る場合のメリットは「一覧性が高い」のでわかりやすいという点です。一方のデメリットは、ページ数が多いサイトや階層が深くなるサイト、Webサービスのように導線が複雑になるサイトだとかえってわかりづらくなる点です。

> **memo**
> 検索エンジンにURLを教えるためのXMLファイルのことも同様にサイトマップと呼びます。

図1 図として作るサイトマップ

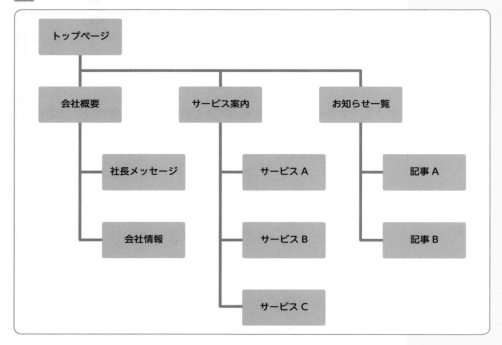

表として作るサイトマップ

　表としてのサイトマップは、GoogleスプレッドシートやMicrosoft Excelなどの表計算ソフトで作成します**図2**。

　行はそれぞれのページを表し、列となる項目にはページのタイトル（title）、説明文（description）、URL、備考欄などをプロジェクトに応じて増減させつつ記述していきます。また、階層に応じて色分けなどをしておくとよりわかりやすくなります。

図2 表として作るサイトマップ

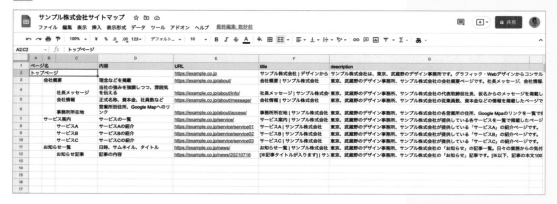

　サイトマップはクライアントに見せる必要のないものですが、制作チーム内での確認のためにも用意しておくべき資料となります。

ワイヤーフレームを作成する目的

　続いて、画面設計の流れとして、サイトマップを元にワイヤーフレームを作成していくことになります。

　ワイヤーフレームを作成する目的は、骨組みの状態を確認することによって、どのくらいのページ数なのか、どんな機能が必要なのか、スケジュールはどのくらいになるのか、という「あたり」をつけることです。

　多くのワイヤーフレームは、色などを設定せずに、白、黒、グレーで作成されます。これは「装飾」や「見た目」の善し悪しではなく、どこにどんなコンテンツを配置するのか、という情報設計の善し悪しを判断する目的のためです。

　作成されたワイヤーフレームを、クライアント、デザイナー、エンジニアがそれぞれ確認することで、それぞれの視点からの問題点や改善点などを出していくことになります。

　特に重要なのが、ディレクターとデザイナーとの間でのワイヤーフレームの共有、確認です。画面設計の次の工程がデザイン制作であるため、デザイナーとの認識違いを減らし、作成するページを確認することがクオリティに直結します。

ワイヤーフレームを作成する方法

　本書では、ワイヤーフレームをXDで作成していきますが、ほかの方法で作成される場合もあります。

　そのうちの1つは、手描きでのワイヤーフレーム作成です。ノートや紙、ホワイトボードなどに作成します。

　手描きだけでワイヤーフレームの作成を完了させることは少なく、まずは手描きでワイヤーフレームを作成して大まかな感覚をつかみ、そのあとXDであらためて作成したものを関係者に共有する、といった手順があります。この「大まかな善し悪しをつかむ」ことは重要なので、最終的にXDを使う場合でも、一旦は紙に描いてみることをおすすめします。

　ワイヤーフレーム作成でよく利用されるその他のツールとしては、Microsoft Excel、Microsoft PowerPointなどのMicrosoft社のツール、XDと開発元が同じAdobe社のPhotoshop、Illustratorなどが挙げられます。これらのツールとAdobe XDとの比較検討をしている場合は、XDのほうがワイヤーフレーム作成のための機能面、共有機能の面などで優れている部分が多いので、XDを採用するとよいでしょう。

> **memo**
> Adobe XDと同様のコンセプトのツール、Sketch、Figmaを採用する場合もあります。

ワイヤーフレームの作成
－共通パーツ

THEME
テーマ
ここからは、Webサイトの設計で重要なワイヤーフレームを作成していきます。まずは準備として、どの画面を作るのかの確認と、基本的な設定をしておきましょう。

ワイヤーフレームで作成する画面を考える

本書では、ショッピングサイトのWebサイトを作成していきますが、そのためのワイヤーフレームを準備します。

ワイヤーフレームを作る前に、まずはどの画面がワイヤーフレームとして必要となるかを考えます。

通常のプロジェクトであれば、手描きまたは資料としてサイトマップを用意するので、サイトマップに記載されているページからワイヤーフレームとして作成する画面を考えていきます。

このとき、サイトマップで用意したページのすべてをワイヤーフレームとして作成する場合と、同じパターンのレイアウトのページを「同一テンプレート」とみなし、同一テンプレートのページは1つのワイヤーフレームとして作成する場合があります。

この判断は、プロジェクトの規模やWebサイトの種類によっても変わるので、必要に応じてどちらになるかを確認して進めましょう。

本書で作成する画面

本書では、サンプルデザインとして、**Lesson4**（121ページ〜）で以下のページを作成しますので、ワイヤーフレームも同一のページを作成します。

- トップページ
- 商品一覧
- 商品詳細
- お問い合わせ
- お問い合わせ - 確認画面
- お問い合わせ - 完了画面

近年ではスマートフォン経由でWebサイトが閲覧されるケースが多い

> **memo**
> 実際のプロジェクトでワイヤーフレームを作成する場合は、まずは手描きで大まかなつくりを作成してから、XD等で作っていく手順としたほうがよいでしょう。

ため、モバイル端末用の表示を優先して設計する「モバイルファースト」の考え方が採用される場合が多くあります。本書も、先にモバイル端末用のワイヤーフレームを作成していきます。

モバイル版では、**グローバルナビゲーション**を配置することが難しいので、🔔メニューボタンを押すと画面外からメニューが表示される仕組みが一般的となります。

このスマートフォン用ナビゲーションメニューも、ワイヤーフレームの1画面として作成します。

ヘッダー・フッターの完成形を確認する

ここからは実際にワイヤーフレームを作成していきます。

まずは、各ページのワイヤーフレームで共通して用いることになる「**ヘッダー**」や「**フッター**」の共通パーツを作成します 図1 。

ヘッダーとフッターの完成形を確認しておきましょう。

図1 **ヘッダーとフッター**

WORD　グローバルナビゲーション

各ページへ移動するための各リンクをまとめたナビゲーションメニューのことです。

！ POINT

3本の横線を縦に配置したアイコンの「ハンバーガーメニュー」と呼ばれるボタンを配置することが多いです。

WORD　ヘッダー

ページ最上部に共通して入る、グローバルナビゲーションや各種機能のボタン等がまとまった部分を指します。

WORD　フッター

ページ最下部に共通して入る、コピーライト表記やナビゲーションなどの情報がまとまった部分を指します。

Lesson 3

04
180 min

ワイヤーフレームの作成
－ヘッダー

THEME
テーマ
ワイヤーフレームのうち、ヘッダーを作成します。このヘッダーの作成を通して、要素の作成、整列・分布、テキストの配置などのAdobe XDの基本的な操作を学んでいきましょう。

基本的な設定をする

新規ファイルを作成します。ホーム画面から「カスタムサイズ」を選び、W（幅）を375、H（高さ）を2000とします。⚠️幅は、iPhone X, iPhone 11や12などが375なので、この数値を採用しています。

高さを2000としていますが、これは暫定的な数値で、中身であるコンテンツの量次第で調整することとします。

アートボードを作成すると、アートボード名が「カスタムサイズ－1」となりますので、文字上でダブルクリックすることで名前を変更可能です。ここでは「トップページ」としておきましょう。

また、ファイルの名前が「名称未設定」となってしまっているので、⌘[Ctrl]+Sキーで保存のためのウィンドウを表示させ、ファイル名は「あじなおWF-モバイル」としておきましょう。

縦に長いアートボードの全景が入るような表示になるため、倍率が30%前後になっています。⌘[Ctrl]+1キーで倍率を100%にしておきましょう。

ヘッダーの背景を作成する

まずはヘッダーの背景部分にあたる長方形を用意します。

左のツールバーから「長方形」を選び、アートボードの左上から右下に向かって幅いっぱいになるようドラッグで作成しましょう **図1**。

図1 ドラッグで長方形を作る

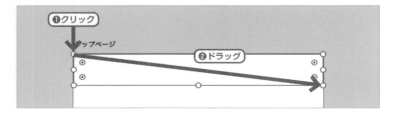

> **! POINT**
> 幅が広めの端末はこれよりも大きめの400前後のサイズとなり、一方でAndroid端末では360のサイズ幅となるものもあります。

> **! POINT**
> 自分のPCにデータを保存したい場合は、メインメニューの「ファイル」→「ローカルドキュメントとして保存」から保存します。

> **memo**
> Lesson3とLesson4（121ページ～）での幅や高さの単位は省略していますが、これは「pt（ポイント）」となります。ただし、Lesson5（201ページ～）ではCSS基準の単位となるため「px（ピクセル）」となります。ptとpxは厳密には違うもので、XDではptとするのが正しいのですが、最終的にはpxで計算することになるため、XDで出てくる数値もpxとして進めてしまっても差し支えないでしょう。

選択中の要素の外枠は、濃い水色で表され、上下左右と四隅に「円」、要素の左右中央やや内側の2箇所（サイズによっては4箇所）に「中に点のある円」が表示されます。これは「バウンディングボックス」という表示です。

バウンディングボックスの「円」をドラッグすることでサイズ変更が可能です。このとき、shiftキーを押しながらドラッグすると、縦横比率を保ったままのサイズ変更が可能です。

プロパティインスペクターで情報を確認する

長方形の情報は、右側の「**プロパティインスペクター**」で表されます 図2。

幅と高さのサイズの情報は「変形」パネルに表示され、こちらの数値のW（幅）が375、H（高さ）は50となるように調整します。

長方形の色に関しては「アピアランス」パネルに表示されます。

このとき、初期設定では図形の内側が白、枠線がグレーになりますが、これらのうち内側の部分を「塗り」、枠線部分を「線」と呼び、アピアランスで色の変更が可能です。今回作成した背景用の長方形は、初期設定のままで問題ありません。

ロゴ部分の長方形を作成し、移動させる

続いて、ボタンやロゴがあることを示す長方形を用意します。サイズは幅が120、高さが30の長方形を作成します。作成位置は、アートボード内の任意の位置でかまいません。

次に、作成した長方形を移動させます。ヘッダーの背景の上に重ねつつ、位置としては左から15、縦方向はちょうどヘッダー背景の上下中央になるようにします。

要素の移動方法は、「選択ツール」を使って移動させる方法と、座標を入力してその場所に配置する方法とがあります。

「選択ツール」を使って移動させる方法

選択ツールを使う場合、長方形を選択後にドラッグし、ヘッダーの背景の上に配置します。

このとき、ヘッダー背景の上下中央に位置している場合は、「スマートガイド」というピンク色（選択中の要素は水色）の補助線が表示されますので、この表示が出るようにしましょう。左からの位置も、ピンクの数字が表示されますので、🖋この数字が15となるようにします。

スマートガイドは、ほかの要素と水平方向や垂直方向で揃っているときなどに表示されます。デザインでは、要素が揃っているかどうかはクオリティを左右しますので、あえてずらすなどの必要がない限りは揃えるようにしましょう（次ページ 図3）。

WORD ▶ プロパティインスペクター

右側のパネル全体を指します。

図2 **変形とアピアランス**

memo
ここで表示されている補助線のピンク色は、色の三原色における「マゼンタ」です。薄めの水色は、同じく色の三原色の1つ、「シアン」です。

⚠ POINT

これらの数字が14や16など、わずかに足りない、多いときには、キーボードの方向キーを使うとよいでしょう。1ずつ移動させることができます。また、shiftキーを押しながら方向キーを押すと、10ずつ移動させることができます。

図3 スマートガイドが表示されている様子

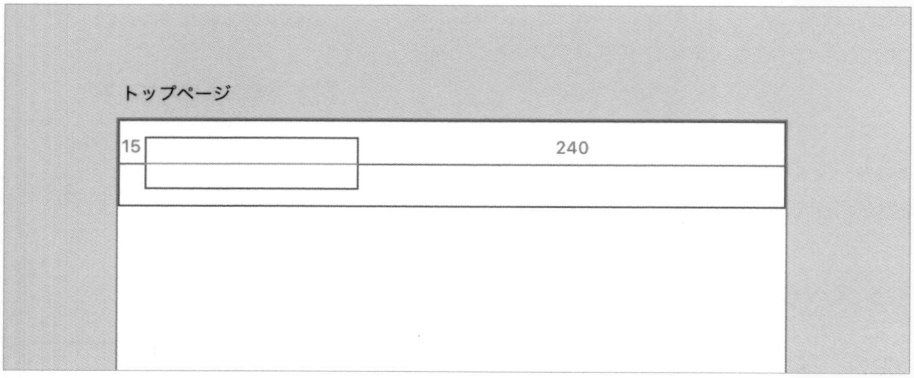

```
トップページ

15                              240
```

座標を入力してその場所に配置する方法

　座標を入力する場合、「変形」パネルのX（横軸）を15、Y（縦軸）を10と入力すると適切な位置に配置できます。

　この座標は、アートボードの左上を0としたときの数値となります。ヘッダーの背景は、アートボードの左上0の位置に配置していますので、そのままXとYの値がヘッダーの背景からの差となります。

　X（横軸）の値については、10よりも少し内側に配置するため、1.5倍の15としています。

　Y（縦軸）については、ヘッダーの背景の高さが50、ロゴ部分が30なので、引き算をして2で割ると10となるので、この値としています。

memo

Webデザインでは、5の倍数で余白やサイズを作成することも多いのですが、8の倍数で作成することもあります。これは、8の倍数の数値はさまざまな数で割れる点で使い勝手がよいためです。本書では直感的なわかりやすさの面から、5の倍数で作成しています。

ロゴ部分の長方形の色を変更する

　ワイヤーフレームでは、図や画像がある部分にはグレーを設定しておくことが多いので、ロゴ部分の「線」の色を未設定に、「塗り」部分の色をグレーに変更します。

　色の変更は、「アピアランス」パネルで設定します。

　色を未設定にするには、「塗り」や「線」の左側にあるチェックボックスのチェックを外します。今回は線のほうのチェックを外しておきましょう。

　アピアランスパネルの「塗り」とある文字の左側のカラーチップをクリックすると、カラーピッカーと呼ばれる色を変更するためのウィンドウが表示されます**図4**。

　カラーピッカー内の左にある、単色のグラデーション状の正方形（カラーフィールド）は、横軸が鮮やかさの「彩度」を表し、縦軸が明暗の「明度」を表します。

　カラーフィールドのすぐ右隣の縦型のバーはカラースライダーといい、クリックやドラッグをすると、色の種類である「色相」を変更できます。

　一番右にある縦型のバーは、透過度をパーセンテージで表すバーで、下にするほど透明度が上がっていきます。

図4 カラーピッカー

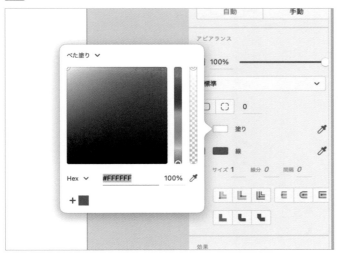

色の変更方法

　色の変更は、カラーフィールドで任意の箇所をクリックで選択する方法と、任意の数値を入れる方法、スポイトツールを使って画面内から色を取得する方法があります。それぞれの方法を見ていきましょう。

任意の箇所を選択して色を変更する方法

　カラーピッカーを表示させ、カラーフィールド内からグレーを選んでみましょう。

　このとき、カラーフィールド内で少し右にずれた地点を選択してしまうと、赤や青などの色が少し残ったグレーとなってしまいます。

　そこで、カラーフィールドの外にはみ出すようにドラッグすると、純粋なグレーや白黒となります（次ページ **図5** ）。

図5 カラーピッカーからはみ出すようにドラッグする例

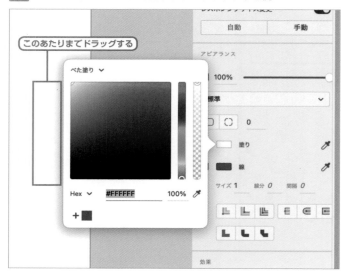

　カラーフィールドの下に「Hex」と表示のある右の部分が、色を数値として表しているカラーコードです。カラーフィールド内の選択箇所によって、この部分が自動的に変わっていることがわかります。

　今回は、#707070や#7B7B7Bなど、6桁目、4桁目、2桁目がそれぞれ7になるような値にしておきましょう。

数値を入れて色を変更する方法

　先ほどはカラーフィールド内の箇所を選ぶことで色を変更しましたが、カラーコードの値として表示されている部分をクリックして、任意の値を入力することでも色を変更できます。

　数値によって、カラーフィールドやカラースライダーの位置が変わることがわかります。また、その右の「100」となっている部分は透過度(アルファ値)で、この値を下げると透明になります。

スポイトツールを用いて色を変更する方法

　スポイトツールは、画面内の色を取得できるツールです。カラーピッカーを開いたときの右下にある、スポイト状のアイコンがスポイトツールです。

　スポイトツールを使うと、マウスカーソル部分の周辺が、虫眼鏡のように円形に拡大されます。該当のピクセル箇所をクリックすると、その色が選択され、反映されます。

　また、スポイトツールはアピアランスの「塗り」や「線」の右隣にもあり、同様に使えます。

! POINT

カラーコードは、シャープからはじまる6桁の値で表されます。これは0〜9までの数字とA〜Fまでのアルファベットを組み合わせた16進数が用いられます。16進数では、数字よりもアルファベットのほうが大きい値となり、最大はF、最小は0です。また、カラーコードのうち左から2桁が光の三原色のうちRedの値、中央の2桁がGreenの値、右から2桁はBlueを表します。

---

memo

「Hex」の箇所をクリックすると、ほかに「RGB」、「HSB」が選択可能です。RGBは光の三原色のRed, Green, Blueをそれぞれ0〜255の数字で表したものです。HSBは色相、彩度、明度を数字で表したもので、色相は0〜360、彩度と明度は0〜100で表されます。

ロゴ部分に文字を作成する

　続いては、ロゴ部分の長方形の上に文字を作成していきます。
　長方形の上下左右の真ん中に配置したいのですが、この位置調整は後ほど対応しますので、一旦任意の位置で文字を作成します。
　テキストツールを用いて、「ロゴ」と入力しましょう。

テキストの色を設定する

　テキストの色の変更は「アピアランス」パネルの「塗り」から設定します。グレーの長方形の上に配置する文字なので、 🖌 白にします。

❗ POINT

カラーコードは#FFFFFFとなります。

フォントの種類、太さ、サイズを設定する

　フォントの種類は Windows／Mac によって同梱されているフォントが違うので、日本語のフォントでゴシック体のものを選んでください。Macであればヒラギノ角ゴシック、Windowsは游ゴシックなどでよいでしょう。
　フォントサイズは「16」、太さは「W6」や「bold」などの太めのウェイトとしておきます 図6 。

図6　フォントの種類、サイズ、太さ

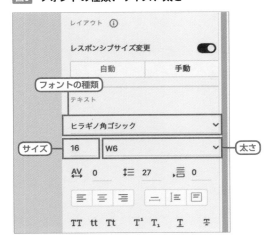

テキストの「揃え」について

　テキストの「揃え」は「中央揃え」としておきます。
　ここでテキストの揃えを変更しても変化はありませんが、例えば「ロゴ」という2文字のテキストを「ロゴその1」と3文字追加して5文字に変更した場合、「左揃え」ならばテキストの右側に文字が追加され、「右揃え」ならばその逆になります。「中央揃え」なら、左右に均等に広がります。

先ほど作成した要素は、🖊複製してパーツとして使い回すことが基本となりますので、別の文字に変更したときに、中央揃えとしておいたほうが使い勝手がよいため「中央揃え」としています 図7。

❗ POINT

このことを「コンポーネント化」といいます。

図7 テキストの「揃え」

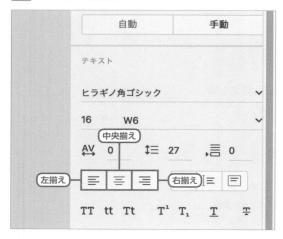

ロゴのテキスト部分を、背景の中央に配置する

作成した「ロゴ」の文字を、背景となる長方形の上下左右の中央となるように設定します。

重なり合った文字と背景の2つの要素を中央配置する方法は主に2つありますので、それぞれ紹介します。

1つ目の方法では、選択ツールを使います。選択ツールを用いて文字の要素をドラッグすると、シアンとマゼンタの補助線が出て、中央の位置に吸着しますので、この方法でも問題ありません。

もう1つの方法は、整列を使って揃える方法です。整列は、右側の「プロパティインスペクター」の上部にある、棒グラフ状のアイコンから行えます。

この部分を「列パネル」といいます 図8。

まず、背景である長方形と、ロゴ部分を同時に選択します。1つ目の要素を選択したあと、shiftキーを押しながら2つ目をクリックすると、2つの要素が同時に選択できます。

続いて、中央に揃えます。列パネルには区切り線を挟んで左側の4つのアイコンと、右側の4つのアイコンがありますが、左側4つの中の左から2番目の「中央揃え（垂直方向）」、右側の中の左から2番目「中央揃え（水平方向）」を押しましょう 図9。

図8　列パネル

図9　「中央揃え（垂直方向）」と「中央揃え（水平方向）」

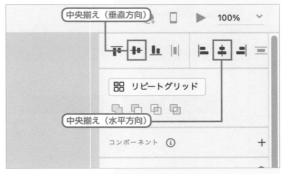

これによって、上下左右の中央に「ロゴ」の文字が配置されました。

整列

整列について、詳しく見ていきましょう。

列パネルの区切り線を挟んで左側にある4つのアイコンのうち、左から3つが「上揃え」「中央揃え（垂直方向）」「下揃え」で、1つの要素を選択している場合はアートボードを基準としつつ、最上部や中央、最下部に揃います。2つ以上の要素を同時に選択しているときに「上揃え」を設定したときは、複数の要素の中で最も上の座標に位置している要素に揃いますし、「中央揃え」なら複数の要素のちょうど真ん中、「下揃え」なら複数の中の最も下となります。これらの機能が「整列」となります。基準位置に対して揃えるものです。

同様に、列パネルのアイコンのうち、区切り線を挟んで右側の4つのアイコンが水平方向（横方向）の揃えで、左から1番目〜3番目がそれぞれ「左揃え」、「中央揃え（水平方向）」、「右揃え」の機能です。

分布

列パネルの左から4つ目のアイコンは「水平方向に分布」で、こちらは複数の要素を選択中にクリック可能になる機能で、複数要素の横方向の余白が均等に調整される機能です（次ページ図10）。

図10 水平方向に分布を実行した様子

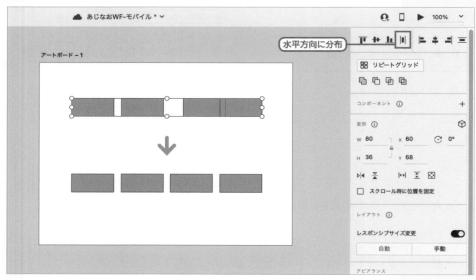

揃っていない上の状態に「水平方向に分布」を適用した例が下の例

　列パネルの最も右のアイコンが「垂直方向に分布」となります。「水平方向に分布」と同様、複数の要素を選択中にクリック可能になる機能で、縦方向の余白が均等に調整されます図11。

図11 垂直方向に分布を実行した様子

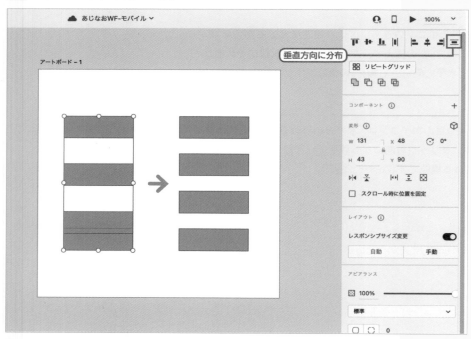

揃っていない左の状態に「垂直方向に分布」を適用した例が右の例

ロゴ部分の長方形と文字を「グループ化」

　長方形部分のちょうど真ん中にテキストを配置することができましたが、長方形とテキストを、「グループ化」しておきます。

　グループとは、複数の要素を関連づけることで、移動させるときに1つのグループとして移動させたり、サイズ変更などをかけたりできる機能です。

　「ロゴ」の文字部分と、背景となる長方形を同時に選択しているときに、上部メインメニューの「オブジェクト」→「グループ化」で可能です。また、ショートカットキーは⌘[Ctrl]+Gキーです図12。

図12　メインメニューからグループ化する方法

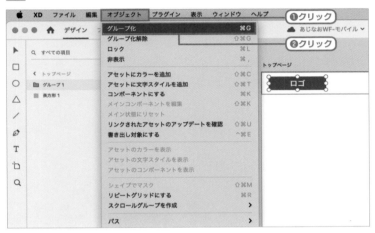

　グループ化した要素は、「レイヤーパネル」ではフォルダ状のアイコンに変わり、アイコンの上でクリックすると中身を展開できます。

レイヤーとは

　「レイヤー」について知っておきましょう。

　レイヤーを直訳すると「層」となり、XDではそれぞれの要素のことを指します。テキストや長方形、円など、それぞれの要素一つひとつがレイヤーとなります。

　レイヤーは左側のレイヤーパネルに一覧として表示されます。レイヤーパネルを表示させる場合は、左下のひし形が2つ重なったようなアイコンをクリックします（次ページ図13）。

図13 レイヤーパネルとレイヤー

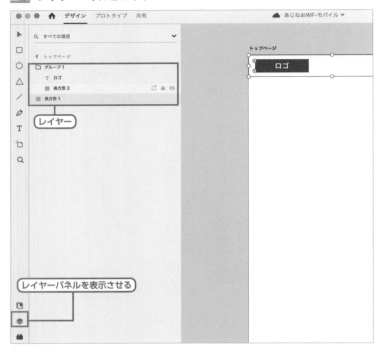

　レイヤーパネル上では、順番として上にあるレイヤーのほうが、層として上に重なる特性を持っています。

「書き出し対象にする」、「ロック」、「非表示」

　レイヤーパネルで、そのレイヤーにマウスオーバーさせると、「書き出し対象にする」、「ロック」、「非表示」の機能が利用可能です図14。

　「書き出し⬇」とは、そのレイヤーをjpgやpngなどのデータ形式で出力することで、チェックすると書き出しの対象となります。

　「ロック」をしたレイヤーは、アートボード内での操作を受けつけなくなります。これによって、背景用のレイヤーなど、制作中に背景部分を固定させておきたい場合に有用です。

　「非表示」は、そのレイヤーが表示されなくなります。検討段階において、複数パターンを用意しているときなどに用いることがあります。

227ページ **Lesson5-04**参照。

図14 書き出し、ロック、非表示

ロックは、その要素の上で操作する必要がある場合にロックしておくことで、誤操作を減らせます。

作成途中のヘッダーでは背景を固定しておきたいので、背景となる長方形レイヤーをロックしておきましょう。

ヘッダー右側のボタンを作成する

ヘッダー部分の右側に配置する2つのボタンを用意していきます。

事前に各種レイヤーの名前を適切なものに変更しておきましょう。レイヤー名の上でダブルクリックにて変更可能です。ヘッダーの背景部分となる箇所は「ヘッダー背景」、ロゴのグループは「ロゴ」としておきます。

レイヤーやグループは制作が進むと数が多くなるため、レイヤー名やグループ名を適切な名前に変更しておくことは大切です。

レイヤーやグループを複製する方法

ボタンの作成の手順として、長方形を作成→テキストを作成とする手順でもよいのですが、今回は「ロゴ」のグループを複製してテキストを変更する方法をとります。

このとき、複製の方法は主に3種類ありますのでそれらを見ていきましょう。

右クリック、または上部のメニューから複製する

ロゴのグループを選択中に、上部メニューの「編集」→「コピー」、「編集」→「ペースト」で複製できます。

同様に、右クリックで表示されるメニュー（コンテキストメニュー）から「コピー」、もう一度右クリックでコンテキストメニューを表示させて「ペースト」でも可能です。

この2つの方法は動作にやや時間がかかるので、次の2つの方法のどちらかを実施するとよいでしょう。

ショートカットキーで複製する

ロゴのグループを選択中に、ショートカットキーで⌘[Ctrl]+Cキーを押します。これは「コピー」となります。そして⌘[Ctrl]+Vキーでペーストができます。

一見、何も起こっていないように思えますが、左のレイヤーパネル上で「ロゴ」のグループが1つ増えていることがわかります（次ページ図15）。

図15 レイヤーパネルで同名のグループが増えている

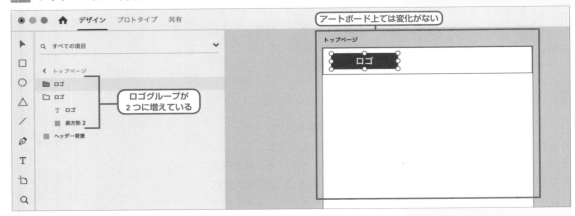

複製されたほうのグループを、かぶらない位置まで右にずらしておきましょう。このときshiftキーを押しながらずらすと、同じ縦軸座標を保ったまま水平に移動できます。

option［Alt］キーを押しながらドラッグ

ロゴのグループを選択中に、option［Alt］キーを押しながら右方向などにドラッグすると、複製させつつ要素をずらすことができます。かぶらない位置まで右にずらしておきましょう。

! **POINT**

移動させる方向が垂直の場合、同じ横軸座標を保ったまま垂直に移動できます。

複製したグループのテキストを変更する

複製したグループのテキストを変更しましょう。

グループは、要素をダブルクリックすることでグループ内のレイヤーを選択できます。

テキストを編集するには、テキストツールに持ち替えてテキストのレイヤーの上でクリックをする、または移動ツールのままテキストレイヤー上でダブルクリックをするかのどちらかで編集可能となります。

「メニュー」というテキストに変更します。また、グループ名も「メニュー」に変更しておくとよいでしょう。

このグループは、右から15の位置に配置しておきます。移動中に「15」のマゼンタの値が表示された位置が右から15となりますので、その位置で問題ありません。

memo

変形のパネルでは左からの座標となるので、240となります。

「メニュー」のサイズを変更する

「ロゴ」と比較して、「メニュー」のほうはやや幅のサイズを小さくしたいので、調整します。このとき、「メニュー」を選択した際に、「レイアウト」パネルの「レスポンシブサイズ変更」がオンになっていることを確認します**図16**。

図16 レスポンシブサイズ変更がオンになっている様子

オフの場合は、トグルスイッチの背景部分が白になります

　レスポンシブサイズ変更とは、今回のケースだと「メニュー」のテキストの左右が中央になるように縮小される設定です。

　バウンディングボックスの左側中央のツマミを選択し、右にドラッグし、変形パネルで幅が80となるように縮小します図17。

図17 バウンディングボックスでサイズ変更

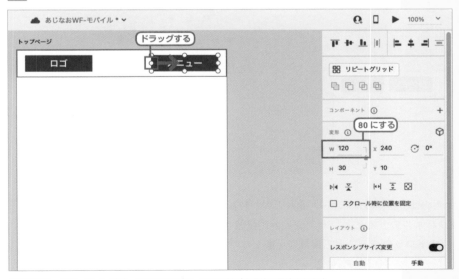

幅の数値は、バウンディングボックスの操作中に、現在の幅が自動的に反映されます

もう1つボタンを用意し、ヘッダーを完成させる

作成した「メニュー」をさらに複製して、もう1つボタンを用意します。「メニュー」の左に複製し、元の「メニュー」との余白は「10」とします。

グループ名、テキストをそれぞれ「ログイン」としましょう。サイズは「メニュー」と同一でよいので、変更しません。

「ヘッダー背景」と「ロゴ」、「メニュー」、「ログイン」をまとめて選択、グループ化し、グループ名を「ヘッダー」としておきます。

「ヘッダー」のグループの中に、入れ子状に「ロゴ」や「メニュー」などのグループを入れることができます。

ヘッダーをコンポーネント化する

完成したヘッダーを、「コンポーネント」化しておきましょう。

コンポーネントとは、要素の集まりの単位で、コンポーネント化した要素は繰り返して使うことができます。XDでは、このコンポーネントを使いこなすことが、デザインシステム○の構築において必須といってよいでしょう。

124ページ **Lesson4-02**参照。

ヘッダーのグループを選択中に、⌘ [Ctrl] +Kキーを押すとコンポーネント化されます。または、右側「プロパティインスペクター」の「コンポーネント」パネル右にある「+」をクリックすることでも可能です図18。

図18 コンポーネントパネル右の「+」

コンポーネント化したものは、左側のレイヤーパネルと入れ替わる形で表示されるライブラリパネルの**ドキュメントアセット**に登録され、アートボードへドラッグ＆ドロップすることで配置が可能となります図19。

WORD **ドキュメントアセット**

「アセット」とは、ここでは有用な資産となる素材といった意味で、「ドキュメントアセット」には、関連づけられたコンポーネント、カラー、文字スタイルの一覧が表示されます。

図19 ライブラリパネルのドキュメントアセット

　また、コンポーネント化した要素は、アートボード上で緑色の枠で囲われるようになり、左上に緑色の塗りつぶしのひし形が表示されます。これをメインコンポーネントといいます。

ワイヤーフレームの作成 －フッター

Lesson 3
05
120 min

THEME テーマ ワイヤーフレームのうち、フッターを作成します。本節では、外部からSVGデータを読み込み、配置する方法や、文字スタイルを設定する方法などを学んでいきましょう。

フッター部分のコピーライト部分を作成する

ここからは、フッター部分を作成します。

アートボードの最下部に移動し、下端から高さ50の長方形を作成します。塗りは#707070、線はチェックなしとします。

作成した長方形の上に、「© Copyright あじなお」というテキストを作成します。このときの「©」の文字は、「コピーライト」と日本語で入力したものを変換して表示させることができます。

塗りは#FFFFFF、サイズは10、太さはW3やRegularとします。

また、位置は左から15、上下は長方形の中央になるように上から20の位置に配置します 図1。

図1 コピーライト部分を作成した様子

SNSアイコンを配置する

続いては、コピーライト部分の逆側に各種SNSのアイコンを配置します。本書では素材画像データとしてSNSアイコンを用意していますが、SNSアイコン等は各種SNSの公式ページからダウンロードができるようになっていますので、実際のプロジェクトではそれらのページから確保するとよいでしょう 図2。

図2 Facebook Brand Resources

https://ja.facebookbrand.com/facebookapp/assets/f-logo?audience=landing

Facebookアイコンを配置する

まずはFacebookアイコンを配置してみましょう。

メインメニューの「ファイル」→「読み込み…」から、素材画像「3-03_facebook.svg」を読み込みます。

このデータは大きいサイズで保存されているため、配置した直後は巨大なサイズのアイコンとなっていますので、サイズを調整します。

「変形」パネルの幅と高さの数値の隣にある、南京錠のアイコンをクリックします。すると、南京錠の鍵がかかっている表現になり、縦横比率を保ったままのサイズ変更が可能です **図3**。

図3 幅と高さの隣の南京錠アイコン

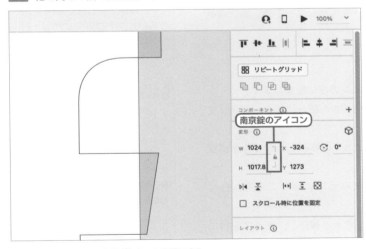

クリックして、アイコンを鍵がかかった表現にする

サイズはW（幅）を18とします。すると、要素の左上を基準として縮小されるため、アートボードの外の左上に小さくなったアイコンが配置されることになりますので、見失わないよう注意しましょう（次ページ **図4**）。

> **memo**
> フォルダ内の素材画像データを、XDのアートボードへドラッグ＆ドロップすることでも読み込みが可能です。

図4 アートボード外にFacebookアイコンが位置している

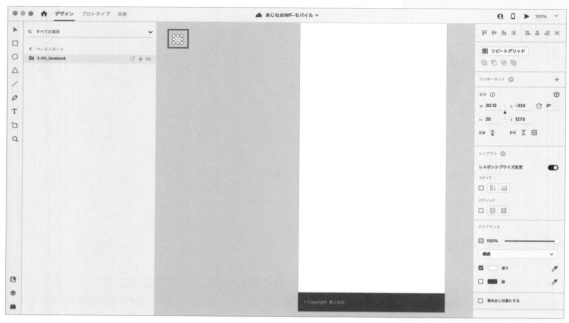

アートボードから外れた位置の、左上グレーの部分に要素が見えている

　縮小したFacebookアイコンを、フッターの右から15の位置となるように移動させましょう。上下の位置は中央にしたいので、背景の長方形とFacebookアイコンを選び、2つを上下中央に整列させます。

　このFacebookアイコンは、塗りの色が白なので、アートボード内のフッターよりも上に置いてしまった場合は、どちらも同じ白色のためわかりづらくなります。その場合は、レイヤーパネルから選択する、範囲選択をするなどして、再度選択しましょう。

Twitterアイコンを配置する

　次に、TwitterアイコンをFacebookアイコンの左に配置します。

　Facebookアイコンのときと同様に、ファイルを読み込むか、ドラッグ＆ドロップで配置します。

　素材のTwitterアイコンの塗り色は黒となっているので、XDで色を調整しましょう。

　アピアランスパネルで塗りの色が黒となっているところを、白の#FFFFFFとします。

　幅、高さの右部分が「鍵がかかっている」ことを確認し、サイズを17に変更します。位置は、背景の長方形から見て上下中央配置とし、Facebookアイコンから15離れた位置とします。

> **memo**
> アイコンの「f」の文字部分は透過になっていて「要素が存在していない」扱いとなるため、文字の箇所の上でクリックしても選択できません。

> **memo**
> アイコンデータはSVG形式にしており、この形式だとXDで塗りの色を変えることができます。一方、アイコンデータがpngやjpgなどの形式の場合は、色の変更をすることが難しく、Photoshop等の別のアプリケーションで変更する必要があります。

Instagramアイコンを配置する

最後に、Instagramアイコンを3つのアイコンの中の左に配置します。

ほかのアイコンのときと同様に、アイコン画像を配置し、こちらも色を#FFFFFFとします。

InstagramアイコンのサイズはWを20とします。

ただし、このInstagramアイコンのサイズ変更に関しては、変形パネルに数字を入れての変形をしようとすると、内側の要素が大きくなってしまう問題が見受けられます。ある程度近いサイズになるまではバウンディングボックスで変形させ、最後に変形のWに20を入力して調整するとよいでしょう。

完成形は以下のとおりです 図5 。SNSアイコンと、コピーライト部分、背景の長方形をまとめて「コピーライト部分」というグループにしています。

図5 **コピーライト部分が完成した様子**

フッターの住所部分を作成する

フッターの上半分の、住所部分を作成していきましょう。

まず、背景として配置する長方形を作成します。幅はアートボードいっぱいとし、高さは100とします。色は、塗りは#EEEEEE、線はチェックを外してください。

長方形の位置は、コピーライト部分のすぐ上に余白が生じないようぴったりくっつけてください。

続いて、テキストツールで住所のテキストを入力します。塗りの色は#333333、サイズ12、太さは通常の太さ、**行間**は20とします。

郵便番号部分は、上から15、左から15の位置に、郵便記号（〒）を含めたハイフンあり7桁の数字を入れます。

住所からは別のレイヤーとするため、ESCキーを押してテキストの入力から抜け出し、住所用のテキストレイヤーを新たに作成しましょう。郵便番号との縦方向の余白は12とします。

同様に、電話番号を住所の下に作成し、住所との余白はこちらも12とします（次ページ 図6 ）。

WORD **行間**

テキストレイヤーの行と行の余白を含めた高さのことで、行と行の余白は「行間 - テキストサイズ」となります。テキストサイズが12、行間が20としたときは、行と行の余白は8となります。

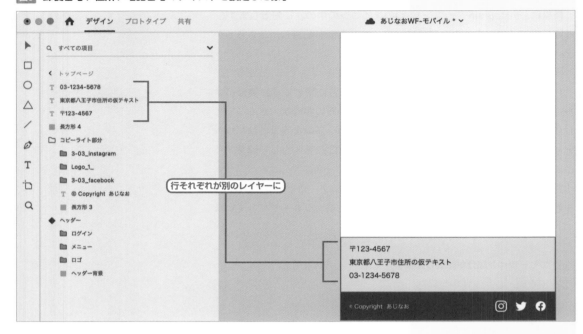

図6 郵便番号、住所、電話番号のテキストを設定した様子

ロゴ画像が入ることを示すテキストを作成する

住所テキストの右側には、ロゴ画像が入る想定となります。

ワイヤーフレーム上で、グレーの長方形（または正方形）とどんな画像が入るのかを示すテキストを配置しておくことで、「ここに画像が入りますよ」という指示になります。

サイズがW60、H60の正方形を、右から15、上から15の位置に作成します。塗りは#CCCCCC、線はチェックを外します。

作成した正方形の上に、「ロゴ」というテキストを作成します。指示用のテキストなので、サイズや色などは任意でかまいませんが、読みやすい数値にしておきましょう。サンプルデータでは、住所で用いたテキストと同じ設定の、塗りの色は#333333、サイズ12としています。

フッターのコンポーネント化とドキュメントアセット

フッターの住所部分のレイヤーを選択し、グループ化します。グループ名は「コピーライト部分」としておきます。

フッターの上半分と下半分がそれぞれグループとなりましたが、この2つのグループをまとめてグループにします。2つを選択してグループ化し、名前は「フッター」としましょう。

さらに、作成したグループをコンポーネント化しておきます図7。

図7 フッターをコンポーネント化

　レイヤーパネルを確認すると、並び順としてフッターが上、ヘッダーが下となっています。これは、新しく作成したグループやレイヤーのほうが上の並びとなるためです。

　これをヘッダーが上、フッターが下としたほうが直感的なので、そのように変更しておきましょう。

ドキュメントアセットにカラーや文字スタイルを登録

　ここまでで使用したカラーやテキストの設定は、使い回せるように登録しておくとよいので、ドキュメントアセットに登録しましょう。

　ライブラリパネルを開き、ドキュメントアセットを表示させます。

カラーを登録

　まずはカラーを登録してみます。

　フッターのコンポーネントを選択している状態で、左側のドキュメントアセットパネルの、カラー右にある「＋」アイコンをクリックします。すると、このフッターに設定されていた色がすべて、再利用可能なカラーとして登録されます。

　登録されたカラーの名前は、初期状態ではカラーコードとなっていますが、これらをわかりやすいものに変更しておくとよいでしょう。ドキュメントアセットのカラーコード上で右クリック→「名前を変更」とするか、ドキュメントアセットのカラー名の上でダブルクリックをすると名前を入力できます。

「#CCCCCC」を「sample-image」、「#333333」を「font-color」、「#EFEFEF」を「gray01-color」、「#707070」を「gray02-color」、「#FFFFFF」を「white-color」としました。

文字スタイルを登録

続いては文字スタイルを登録します。

住所部分のテキストを選択し、ドキュメントアセットパネルの文字スタイル右にある「＋」アイコンをクリックします。すると、文字スタイルとして「フォントの種類」「サイズ」「色」「行間」などの設定が登録されます。

カラーのときと同じく、文字スタイルの名前も変更しておきましょう。ここでは元々入っていた名前も活かしつつ、「本文 ― 12pt」としました 図8 。

図8 **カラー、文字スタイルを設定した様子**

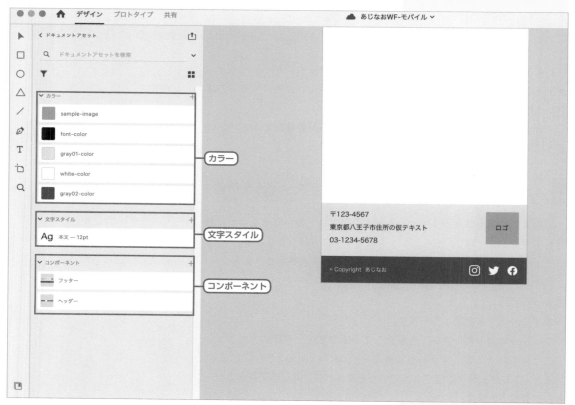

「本文 ― 12pt」のスタイルをテキストに適用したい場合、アートボードでテキストを選んでいるときに、ドキュメントアセットの「本文 ― 12pt」をクリックすると適用できます。

ワイヤーフレームの作成 ―トップページ①

Lesson 3 06 90min

THEME テーマ ワイヤーフレームのトップページ用コンテンツ部分を作り込んでいきます。キービジュアルの作成や、お弁当画像、商品名、説明文、値段、「Like」ボタンをグループ化した「お弁当リスト」の作成をしていきましょう。

■ トップページ作成

ここからは、トップページのコンテンツ部分を作成します。完成形を確認しておきましょう**図1**。

トップページのうち、まずはメインビジュアル部分を作成します。

画像が入る目印としての長方形をサイズはW375、H160で作成します。

塗りはライブラリを開き、「ドキュメントアセット」のカラー「sample-image」を適用します。線はチェックを外しておきます。

この長方形の上にはキャッチコピーが入る想定なので、テキストツールで「キャッチコピーが入ります」と入力し、長方形の上下左右中央に配置します。

サイズは16、太さはboldやW6など太めの設定、塗りは「font-color」とします。

また、このテキストの設定は、文字スタイルとして登録しておきましょう。このときの名称は「見出し ― 16pt」とします。

■ おすすめのお弁当部分を作成

続いては、おすすめのお弁当部分を作成します。

まず、見出しとして「おすすめのお弁当」のテキストを作成し、文字スタイルは「見出し ― 16pt」を適用します。

左から15、メインビジュアルとの余白は40の位置に配置します。

配置したあとに要素間の余白を確認したい場合、要素を選択しつつ、余白を確認したい要素の上にoption［Alt］キーを押しながらマウスカーソルを持っていくと、マゼンタの数字で表示されます（次ページ**図2**）。

図1 トップページワイヤーフレーム

Lesson 3 ディレクター視点で使う

図2 余白を確認

この操作は余白を測る上で重要ですので、覚えておきましょう。

お弁当のリストの概要

それでは、お弁当のリストを作成していきましょう。

これは、画像、見出し、テキスト、値段、を組み合わせたレイアウトを、2列ずつ並べたものになります。

お弁当画像を配置する

お弁当画像にあたるダミー画像を作成します。

長方形ツールでW160、H100のサイズを作成し、🛈左から15、「おすすめのお弁当」の見出しの下20の位置とします。

また、作成した画像サイズの目安として、画像の上に「160x100」の文字を配置します。

文字スタイルに「見出し — 16pt」を適用し、色は白とします。文字スタイルを適用したあとに、カラーの「white-color」を適用することで設定可能です。

この「見出し — 16pt」の文字スタイルに、文字色が白のスタイルを文字スタイルとして登録しておきましょう。

ドキュメントアセットの文字スタイル右のプラスボタンを押し、登録

> **! POINT**
>
> アートボードの左側に配置する場合、特に指示がない場合の左からの余白は15とします。

> **🖉 memo**
>
> サイズを数値で示すときは「160x100」といった表記にします。このとき最初の数値が幅、次の数値が高さとなり、「x」は小文字のエックスを記載するか、「*（アスタリスク）」を記載します。

します。文字スタイル名は「文字色白 ─ 16pt」としておきます。

お弁当リストの小見出しを作成する

お弁当画像のすぐ下に、各お弁当用の小見出しを作成します。

「お弁当の名前が入ります」などのテキストを入力し、位置は画像から10下に配置します。

このテキストには、一旦文字スタイルの「見出し ─ 16pt」を適用します。ただし、もう一回り小さい文字にしたいので、フォントサイズを「14」にしましょう。

この一回り小さいテキストの設定を文字スタイルとして登録しておきます。名前は「小見出し ─ 14pt」とします。

お弁当リストの説明文を作成する

小見出しの下に、説明文となるテキストを入れます。説明文は仮のものなので、30文字ほどの任意のテキストを入れておきます。

配置は小見出しから10下の位置、文字スタイルは「本文 ─ 12pt」とします。

テキストの幅は画像と同じく160とし、それ以上のテキストは折り返されて次の行となる設定にします。このようなときは、テキストを作成したい範囲にドラッグで指定してから入力することで、決まった幅のエリアにテキストを入力できます 図3 。

この状態だと、「高さの自動調整」が設定されています。

高さの自動調整とは、幅が固定されており、それよりも長いテキストは折り返され、その際の行の高さが自動的に調整される、という設定です 図4 。

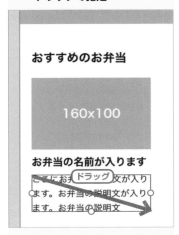

図3 テキストを作成したい範囲にドラッグで指定

図4 「高さの自動調整」が設定されている様子

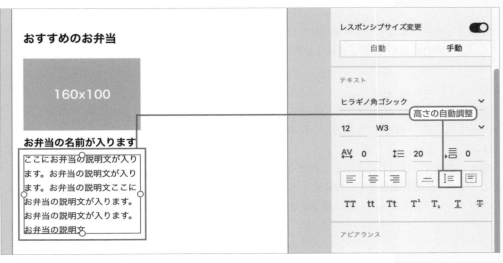

また、これを「固定サイズ」とした場合、幅と高さの両方が固定となります。テキストの分量に応じた高さと幅となるのではなく、先に幅と高さを決めた部分に、テキストの分量を調整するような使い方となります。
　テキストが固定された幅と高さの範囲に入り切らない文字数だった場合、入り切らない部分は隠され、下部中央に赤い二重丸が表示されます 図5。

図5 「固定サイズ」が設定されている様子

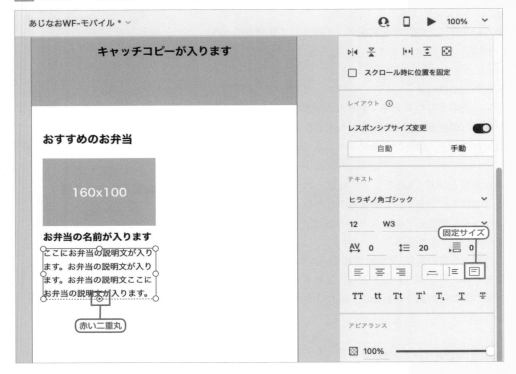

　この赤い二重丸をクリックすると、入り切っていなかったテキストがすべて表示され、「高さの自動調整」に切り替わります。

お弁当リストの値段を作成する

　値段部分を作成しましょう。
　テキストツールを用いて「1,000円」と入力し、このテキストの揃えを右揃えとします。
　テキストの揃えを右揃えに設定しておくと、3桁や5桁など桁数が変更された値段のときでも、位置を調整せずに右に揃えることができます。
　値段の文字スタイルは「見出し ― 16pt」、位置は上から10としておきます。

お気に入りボタンを作成する

値段の反対側には「お気に入りボタン」を用意しましょう。

ボタンを作るには、まずは両端が半円状の背景部分を用意します。W70、H18の長方形を用意し、塗りは白、線は「gray02-color」(#707070)を適用します。

このとき、ドキュメントアセットのカラーから適用すると、塗りの部分に反映されてしまいます。「gray02-color」で右クリックし、「線の色を適用」を選ぶことで線に適用できます。

また、作成した長方形は、お弁当リストのグループに入れておきます。

これは、お弁当の説明テキストから下に10の位置に配置する際に、同じグループ内でないと要素間の余白が確認しづらいためです。

長方形の両端を円形にしておきましょう。「アピアランス」パネルの「角丸の半径」に、半径の数値を入れると円形になります。今回は高さが18なので、その半分の9となります 図6 。

図6 角丸の半径の設定

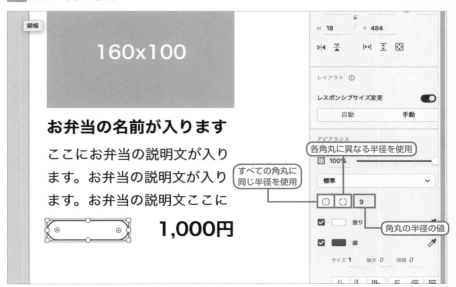

続いて、テキストを配置します。

「お気に入り」と入力し、位置はお気に入りボタン背景の上下左右中央に設定します。文字スタイルは「本文 — 12pt」を一度適用し、フォントサイズを10に変更して、お弁当リストのグループに入れておきます。

⚠作成した文字とボタン背景は1つのグループとし、「お気に入りボタン」という名前にしておきます。

これで、お弁当リストのセットが完成しました。最後に、このお弁当リストをコンポーネント化して登録しておきましょう。

POINT

このとき、直前の作業の「お弁当リストのグループに入れる」を行わないと、グループ化後はお弁当リストグループの外に出てしまいます。その場合はレイヤーパネルでグループ内に入るようにドラッグ&ドロップしてください。

ワイヤーフレームの作成 －トップページ②

Lesson 3 07 60min

THEME テーマ 引き続き、トップページのワイヤーフレームを作成していきます。前節で作成した「お弁当リスト」を、リピートグリッド機能を使って複製する方法を学んでいきましょう。

リピートグリッドの機能でお弁当リストを複製する

先ほど作成した「お弁当リスト」を、2列・2段のグリッド状リストになるよう複製します。

XDでは、このようなリストを繰り返す形で複製するための機能として「リピートグリッド」が搭載されており、これを活用するとよいでしょう。

「お弁当リスト」のグループを選択し、右側「プロパティインスペクター」にある「リピートグリッド」のボタンを押します 図1 。

図1 リピートグリッドのボタン

「お弁当リスト」グループの右と下に、棒状の「ハンドル」が表示されます。

このハンドルのうち、右のものを右方向へドラッグしてみましょう。

すると、右に「お弁当リスト」が複製されていきます 図2 。

図2 リピートグリッドで右側に広げていく様子

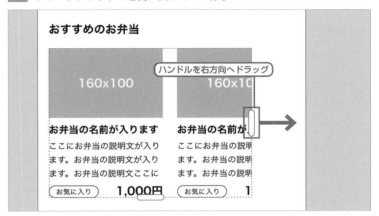

　複製されたほうの「お弁当リスト」の右端がしっかり表示されるまで広げます。

　また、下部のハンドルを下方向へドラッグしていくと、お弁当リストが2列のまま下に複製されます。こちらもしっかり下端を表示させるまで広げましょう。

　繰り返された要素と要素の余白を調整したい場合、余白部分にマウスを乗せると余白部分がマゼンタの範囲として表示され、ドラッグすることで数値を増やしたり減らしたりすることができます **図3**。

図3 リピートグリッドの要素間の余白

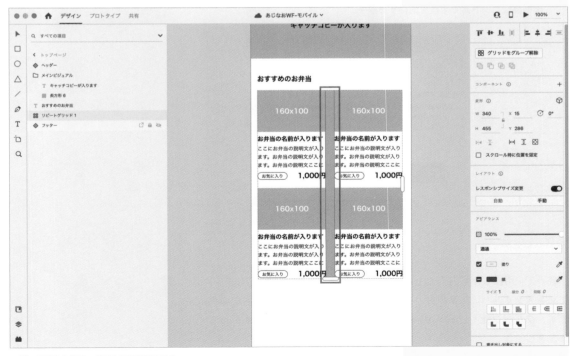

マゼンタ部分をドラッグで余白を調整できる

お弁当リストがちょうど中央配置となるよう、横方向の余白は25とします。また、縦方向の余白は30としておきましょう。

完成したリピートグリッドは、名称を「お弁当リストグループ」としておきます。

もっと見るボタンを作成する

リピートグリッドを適用したお弁当リストの下に、「もっと見る」ボタンを配置します。／上から40、アートボードの中央の位置とします。

W250、H40、塗りはドキュメントアセットのカラー「gray02-color」、線はチェックを外します。

ボタンの形状は左右を半円にしたいので、アピアランスの「角丸の半径」に数値を入れてもよいのですが、アートボード上で角丸を調整する方法もあります。実際にその方法を見ていきましょう。

長方形を選択していると表示される、バウンディングボックスの四隅のやや内側に、二重丸の表示があります。これは「半径編集ハンドル」という角丸を調整できる機能です。

ハンドルを内側の方向にドラッグすることで、角丸の半径を調整できます 図4。一律で四隅の角丸半径が調整されるので、どの箇所を選択してもかまいません。

また、1箇所のみ調整したい場合は、option［Alt］キーを押しながらドラッグで可能です。

!　POINT

お弁当リストの下部ハンドルを伸ばしすぎてしまうと、スマートガイドの表示が下部ハンドルの位置からの余白となってしまうため、下部ハンドルは要素ぴったりとするようにします。ただし、高さが足りない場合は要素がすべて表示されず、「途中で切れてしまう」表示になってしまうため、拡大表示などで確認しつつ調整するとよいでしょう。

図4 **半径編集ハンドルで半径を調整する様子**

160x100　　160x100

お弁当の名前が入ります　　お弁当の名前が入ります
ここにお弁当の説明文が入り　　ここにお弁当の説明文が入り
ます。お弁当の説明文が入り　　ます。お弁当の説明文が入り
ます。お弁当の説明文ここに　　ます。お弁当の説明文ここに
お気に入り　1,000円　　お気に入り　1,000円

1箇所を選択し、内側にドラッグ

続いて、用意した長方形の上に「もっと見る」のテキストを用意します。

文字スタイルは「文字色白 — 16pt」、位置はボタンの上下左右の中央です。グループ化や、レイヤーパネルで適切な位置へ移動なども行っておきましょう。

区切り線を用意する

　次に、「もっと見る」ボタンの下に、エリアを区切るための区切り線を用意します。

　直線の作成には、「線ツール」を用います。線ツールを選び、マウスカーソルを左から15の付近に持っていくと、スマートガイドとしてシアン（水色）の縦線が表示されます。

　シアンの縦線が表示された状態で、✐shiftキーを押しながらドラッグで右端まで持っていきます。右端でも同様に、右から15の付近でシアンとマゼンタ（ピンク）が組み合わさった縦線が表示されますので、その位置で指を離します。

　これによって、アートボードの幅よりも両端が15ずつ短い線を引くことができます。

　作成した線は、「もっと見る」ボタンから下に40の位置となりますので、移動させておきましょう。

リピートグリッドでお弁当のリストを複製する

　今度は、「おすすめのお弁当」の下に、「売れ筋ランキング」のリスト、「女性に人気のお弁当」のカテゴリーを作成します。

　これらは「おすすめのお弁当」の構成と同じで、タイトルのテキストが変わるだけなので、リピートグリッドを用いて複製してみましょう。

　まず、「おすすめのお弁当」の見出し、「お弁当リストグループ」のリピートグリッド、「もっと見る」ボタン、区切り線の4つを選択し、この4つをリピートグリッドとします。

　その上で、下側のハンドルを操作し、複製していきます。

　ただし、アートボードの高さは仮として設定した「2000」となっているため、2つ目のカテゴリーの複製途中で入り切らなくなってしまいます。これを解決するため、アートボードの高さを変更しましょう。

　アートボードを選択するには、一度アートボード外の部分を、どこでもよいのでクリックします。すると、レイヤーパネルがアートボードのみの表示となるので、そこであらためてレイヤーパネル上で「トップページ」のアートボードをクリックして選択します。

　そうすると、下部中央のバウンディングボックスのハンドルをドラッグでアートボードの高さを伸ばすことができます（次ページ 図5）。

図5 アートボードを選択し、高さを伸ばす

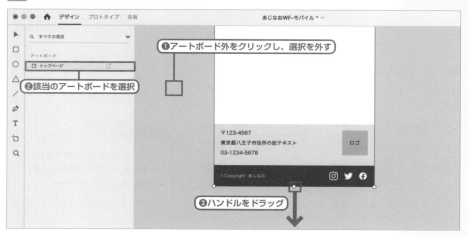

図5 アートボードを選択し、高さを伸ばす

アートボードを変更すると、フッターの下に余白ができてしまうので、最下部に配置されるように修正しておきます。

リピートグリッドの要素と要素の余白は、40としておきます。

また、3つ目の「下線」は不要なので、その上の「もっと見る」ボタンまでをリピートグリッドの範囲とします。

最後に、リピートグリッド内2つ目のグループの見出しを「売れ筋ランキング」、3つ目を「女性に人気のお弁当」と変更しておきましょう。

上に戻るボタンを作成する

Webページの画面右下に表示される「上に戻る」ボタンを作成します。まず、スマートフォンでWebサイトを閲覧したときに右下に位置されているようにするため、アートボードの設定を変更しましょう。

アートボードを選択し、右側の「スクロール」パネルにある「ビューポートの高さ」を調整します。

これは、iPhoneやAndroidなどの各種端末画面の高さとなります。iPhoneでもiPhone XやiPhone 11など、機種によって高さはそれぞれ異なります。ここでは、iPhone Xの高さである「812」とします 図6 。

> **memo**
> 端末の高さは、XDでは「アートボード」ツールを開いたときの右側のパネルに、端末の一覧とその幅と高さとして表示されています。

図6 ビューポートの高さを設定する

これによって、**デスクトッププレビュー**や共有リンク⊕で確認したときの表示サイズの高さが812となります。

上に戻るボタンの背景として、楕円形ツールで円を作成します。shiftキーを押しながら作成することで、真円を作ることができます。

サイズはW60、H60とします。位置は、20ほど内側に配置したいので、右から20、 ✏ 上から732とします。

「上に戻る」テキストを「本文 — 12pt」で用意し、背景の円の中心に配置します。この2つを「上に戻る」という名前でグループ化しましょう。

最後に、「上に戻る」グループを選択し、変形パネルの「スクロール時に位置を固定」にチェックを入れます **図7**。

これでデスクトッププレビューや共有リンクで確認したときに、スクロール時の位置が固定されます。

図7 スクロール時に位置を固定にチェックを入れる

ビューポートの高さを812に設定すると、デスクトッププレビューや共有機能⊕で確認したときの表示サイズの高さが812となります。

例えば長方形などの要素があるとして、その下端が812の場合は、iPhone Xの画面上では最下部に配置されている扱いとなります。

WORD デスクトッププレビュー

XDで制作中のレイアウトを手軽に確認できる機能。画面右上の三角形の「再生ボタン」アイコンから立ち上げることができます。

⊃ 114ページ **Lesson3-12**参照。

⚠ **POINT**

計算をすると、812（ビューポートの高さ）-（60（円の高さ）+ 732）= 20（下からの位置）となるためです。

⊃ 114ページ **Lesson3-12**参照。

ワイヤーフレームの作成
－その他のページ

THEME テーマ　ワイヤーフレームのうち、残りの画面・ページの「スライドメニュー」画面、「商品一覧」ページ、「商品詳細」ページ、「お問い合わせ」関連ページを作成します。

スライドで表示されるメニューを作成する

スマートフォンWebサイトでは、各ページへのリンクがまとまっている「グローバルナビゲーション」を配置しようとすると、画面の範囲が足りなくなるため、クリックすると表示されるメニューを用意します。メニューには、表示と非表示がふわっと切り替わるように表示されるもの、スライド形式のものなど、いくつかの種類があります。

アートボードを「トップページ」の右隣に用意しましょう。

アートボードツールから、「iPhone X、XS、11 Pro」を選ぶと、375 x 812のアートボードが右に用意されます。名前は「スライドメニュー」としておきます。

完成形は次のとおりです 図1 。

ここまで紹介してきたツールを用いて、完成形になるよう作ってみましょう。

主なサイズや余白は「トップページ」を踏襲しつつ、新しく出てきた要素の余白やサイズは、10の倍数を基本としつつ、⚡バランス感を考えて設定します。

不明な箇所は、完成サンプルワイヤーフレームも確認してください。

商品一覧ページ、商品詳細ページを作成

続いて、「商品一覧」ページ、「商品詳細」ページをそれぞれ用意します 図2 図3 。

これらのページを作成していくにあたって、いくつか解説が必要となる箇所がありますので、それらを紹介していきます。

> **! POINT**
>
> ここでは「バランス感」というやや曖昧な言葉で表現していますが、この部分を厳密に考えていくことは「デザインシステム」を設計することにつながる大事な要素です。

図1 スライドメニュー

図2 商品一覧ページ

図3 商品詳細ページ

コンポーネントをインスタンスとして活用する

登録されているコンポーネントは、複製して別の要素として活用できます。このとき、「インスタンス」という名前に変わります。

例として、ヘッダーのインスタンスを使ってみましょう。

左側にライブラリパネルを表示させると、「コンポーネント」にヘッダーなどのコンポーネントが登録されています。その中の「ヘッダー」をアートボード上にドラッグ＆ドロップすることで、インスタンスとして配置できます。

アートボード上で登録されたコンポーネントは、左上のひし形が緑に塗りつぶされていますが、インスタンスでは白抜きとなっています 図4。

図4 コンポーネントとインスタンス

コンポーネント

インスタンス

コンポーネント化したときの要素をメインコンポーネントといいますが、例えばロゴのサイズに変更があった場合、メインコンポーネントでロゴのサイズに変更を加えると、複製先のインスタンスのすべてにロゴのサイズ変更が反映されます。

このように、複数ページにまたがる要素をコンポーネントとインスタンスで管理していると、修正の手間が軽減されますので、積極的に活用していきましょう。

商品一覧のページネーション作成

Webページで数十の記事数があるようなものをページに分割し、連番としてリンクにした部分をページネーションといいます 図5。ページネーションの作り方を確認していきましょう。

memo
ページネーションは、ページャーと呼ぶこともあります。

図5 商品一覧のページネーション

お弁当の名前が入ります	お弁当の名前が入ります
ここにお弁当の説明文が入ります。お弁当の説明文が入ります。お弁当の説明文ここに	ここにお弁当の説明文が入ります。お弁当の説明文が入ります。お弁当の説明文ここに
お気に入り　1,000円	お気に入り　1,000円

前へ　①　②　③　④　次へ

円の部分は楕円形ツールで作成します。

「前へ」と「次へ」部分を作成する際に、円をバウンディングボックスで横に広げてしまうと、左右が半円のボタン状長方形にはならず、楕円形になってしまいます。

これを避けるため、角丸の長方形を作成することとします。長方形をまず作成し、角丸を設定することで両端を半円状にしましょう。

商品画像作成

商品画像は、複数の写真がスライドショーとして配置されている様子を表します。

この部分の中央の画像と、両隣の写真の間は余白があるように見えますが、これは「線」の色を白として設定しているためです 図6 。

図6 商品画像部分

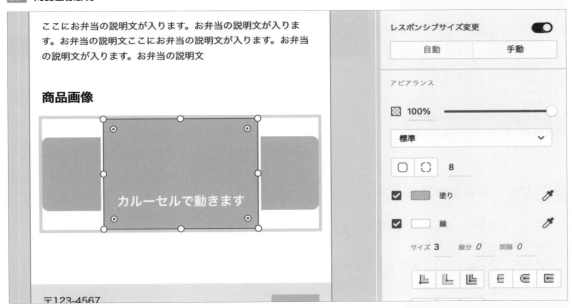

お問い合わせ

最後に、お問い合わせページを作成していきます。

お問い合わせ画面には、フォームで名前などを入力するための「お問い合わせ」のページ（次ページ 図7 ）、入力した内容を確認する「確認画面」のページ（次ページ 図8 ）、内容が送信されたことを示す「完了画面」のページ（次ページ 図9 ）の3つがあります。

これら3つのページでの解説が必要となる箇所をそれぞれ紹介します。

図7 お問い合わせページ

図8 確認画面

図9 完了画面

フォームの入力部分

　各フォームの中に、指示や入力例をあらかじめ表示しておくテキストをプレースホルダーといいます。

　これは薄い色で表すので、文字スタイルを登録しておくとよいでしょう。

フォームのドロップダウンメニューを作成

　ドロップダウンメニューの右側には下向きの三角形を入れたいので、多角形ツールで作成しましょう。

　多角形ツールを使って図形を作成すると、多角形の選択中は、右側のプロパティインスペクターの「アピアランス」に各種情報が表示されます 図10 。

　これらの数値や情報を変更することで、三角形だけでなく多角形も作成可能です。

WORD ▶ ドロップダウンメニュー

フォームのインターフェースの1つで、クリックやタップにて複数の項目が下方向に表示されるメニューを指します。

図10　多角形を選択中のアピアランス

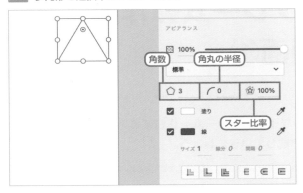

確認画面のスクロールグループ

　Webページで、ページ全体をスクロールさせるのではなく、一定の範囲内をスクロールさせる機能を導入することがあります。

　この機能は、XDのスクロールグループを用いると再現できます。

　お問い合わせ確認画面で、ユーザーが入力した情報や送信ボタンなどを次のようにはみ出す形で作成します図11。

　作成した部分をグループ化し、右側の「変形」パネルの「垂直方向へスクロール」をクリックします。すると、上下にハンドルが表示されます。このハンドルをドラッグすることで、どこまで縦方向に範囲を表示させるかをコントロールできます図12。

> **memo**
> デザインモードでは、スクロールグループの外側は隠れた状態になりますが、デスクトッププレビュー等で確認すると、範囲内スクロールができることがわかります。

図11　はみ出す形で情報やボタンを作成

図12　スクロールグループの設定とハンドルでの調整

Lesson 3

09

120
min

ワイヤーフレームの作成 −PC用画面①

THEME テーマ 本節と次節にわたって、PC画面用のワイヤーフレームを作成する方法を学んでいきます。まずはヘッダーとフッターを作成していきましょう。

ファイルを用意する

本節では、PC画面用のワイヤーフレームを作成していきます。

ここまでに作成したモバイル画面用のワイヤーフレーム「あじなおWF-モバイル」には、カラーや文字スタイルなど、⚡流用できるドキュメントアセットが多く含まれているので、これを複製します。

「あじなおWF-モバイル」を開き、メインメニューの「ファイル」→「別名で保存」をクリックし、ドキュメント名は「あじなおWF-PC」として保存しましょう 図1。クラウドドキュメントでの保存となります。

> **! POINT**
>
> ここではファイルを複製することでカラー、文字スタイル、コンポーネントの「アセット」を活用していますが、「ライブラリとして公開」することで、別ファイルにアセットを適用させることもできます。

図1 別名で保存

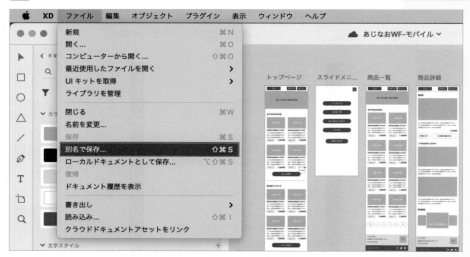

複数あるアートボードのうち、「トップページ」以外のアートボードは削除しておきます。

また、「トップページ」内のコンテンツのうち、「ヘッダー」と「フッター」のみは残し、ほかのレイヤー・グループはすべて削除しておいてください。

文字スタイルをPC用に変更する

PCで使われるフォントサイズは、スマートフォンのときよりも一回り大きいサイズとなります。ドキュメントアセットの「文字スタイル」のフォントサイズを調整していきましょう。

フォントサイズを変更する場合、左側の該当する「文字スタイル」の上で右クリックメニューを出し、「編集」を選びます。表示されるツールチップから、フォントの設定の変更が可能です 図2 。

図2 文字スタイルの設定を編集する

各文字スタイルのフォントサイズは以下のとおりに変更します。

- 本文：16
- 見出し：24
- 小見出し：20
- 文字色白：変更なし（16）

それから、行間も以下のように設定しておきます。

- 本文：27
- 見出し：41
- 小見出し：34
- 文字色白：変更なし（27）

なお、それぞれのフォントサイズを変更したことにより、文字スタイル名と実際のサイズが一致しなくなっています。本文であれば「本文 — 16pt」といった、サイズに合わせた名前にしておきましょう。

アートボードを拡大し、PC用サイズにする

続いては、「トップページ」のアートボードの幅を1280のPCサイズに拡大します。

アートボードを拡大する際に、レスポンシブサイズ変更を用いて「ヘッダー」や「フッター」の自動調整を試してみましょう。

まず、ヘッダー内の右2つの「ログイン」、「メニュー」のボタンをグループ化します。名前は「ナビゲーション」としておきましょう。「レスポンシブサイズ変更」をする際に、この2つをグループ化せずにヘッダーを広げると、2つのボタンの間の余白も広がってしまいます。これを避けるためにグループ化を行っておきます。

同様に、フッター内の右下3つのSNSアイコンをグループ化し、「SNS」という名前にしておきます。

次に、アートボードを選択し、「プロパティインスペクター」内、レイアウトパネルの「レスポンシブサイズ変更」にチェックを入れておいてください。

バウンディングボックスのハンドルで「W」が「1280」となるまで伸ばすか、変形パネルの「W」に「1280」の数値を入力します。

ヘッダーとフッターが、アートボードの幅いっぱいになるように広がった一方で、中のレイヤー、グループなどのサイズは変更されません。

このように、レスポンシブサイズ変更を活用することで、アートボードに応じたサイズ変更ができるだけでなく、要素間の余白のみを広げることができます 図3 。

🗋 memo

アートボードの高さに関しては一旦そのままの数値にしておき、後ほど不足または過剰な場合に調整します。

図3 レスポンシブサイズ変更でヘッダーを広げる

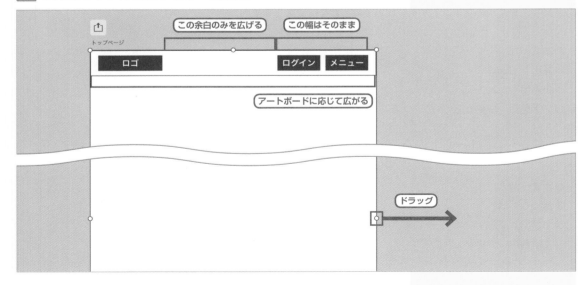

PC用ヘッダーの完成形を確認する

PC用ヘッダーの完成形は次のとおりです 図4 。

図4 PC用ヘッダー

PC版のアートボードにしたことでできた十分な余白に、複数のリンク
を持つグローバルナビゲーションを作成しましょう。

ヘッダーの左右内側の余白は、15だったものを30に変更します。

ガイドを活用する

このアートボードの両端から30の位置に、内側のレイヤーやグループ
を揃えたいような場合には、「**ガイド**」を利用するとよいでしょう。

ガイドを作成すると、要素をガイド付近に移動させた際には、ガイド
に吸着するようになります。

垂直方向のガイドを引きたい場合、アートボードの左外側にマウスを
持っていくと、マウスカーソルが左右方向に向いた形に変化します。こ
の状態でドラッグし、配置したい位置でドロップするとガイドを引くこ
とができます 図5 。

図5 ガイドを引く

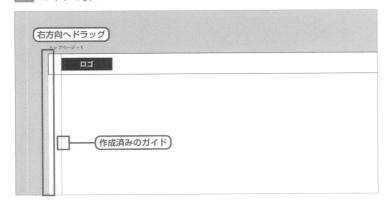

グローバルナビゲーションを作成する

グローバルナビゲーションを作成します。

テキストツールで「トップ」、「お弁当一覧」、「あじなおのこだわり」、「ア
クセス」の4つを入力して、用意します。

✍作成する位置は、アートボード内の位置としては「ヘッダー」の上下中央、「ログイン」ボタンとの余白は20の位置とします。

文字スタイルは「本文 — 16pt」とします。

これらの4つの垂直方向の位置がずれないよう「上揃え」で揃えておきましょう。

スタックの機能を使う

作成した4つのリンクの左右の余白を同じ値にする場合、それぞれ個別に調整する方針でもよいのですが、ここでは「スタック」の機能を使ってみます。

スタックとは、今回のグローバルナビゲーションのそれぞれのリンクとリンクの間の余白のような、複数の余白が同じ値になるようなケースを一括して調整できる機能です。

スタックはグループである必要があるので、4つのリンクをグループ化し、「グロナビ」の名前にしておきます。

「グロナビ」を選択し、右側の「レイアウトパネル」にある「スタック」のチェックボックスにチェックを入れます。

「水平方向スタック」を選び、「すべての間隔」は20とします 図6 。

図6 **スタック機能が適用されている様子**

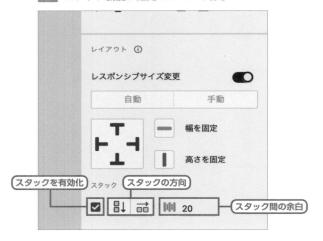

「グロナビ」をコンポーネント内にネストする

続いて、作成した「グロナビ」グループを「ヘッダー」コンポーネントにネストします。

しかし、XDではレイヤーパネル上で、コンポーネント化された要素内にグループを操作して移動させることはできません（2021年8月現在）図7 。

POINT

レイヤーパネル上では、「ヘッダー」コンポーネントの外となりますが、後ほどコンポーネント内へ移動させるため、このままで問題ありません。

memo

要素間の余白は、アートボードの余白部分をドラッグすることでも調整できます。また、スタックには、ドラッグ＆ドロップで余白を保持したまま要素の並びの入れ替えができる機能があります。こちらも有用な機能です。

WORD ネスト

レイヤーパネル上で、内側にグループやレイヤーを入れ子状に入れることです。

図7 コンポーネント内にグループ等を入れられない

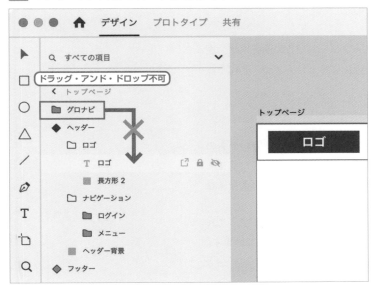

これを解決するためには、次の2つの方法があります。

1. コンポーネント内に追加したいグループやレイヤーを「カット」または「コピー」し、コンポーネント内の要素を選択しているときに「ペースト」する
2. ライブラリパネルで該当のコンポーネントを「削除」して通常のグループとし、レイヤーパネルにて「先ほどまでコンポーネントだったグループ」内へ追加したいグループやレイヤーを配置し、再度コンポーネント化する

どちらの方法でもかまいませんので、コンポーネント内へ「グロナビ」グループを追加しておきましょう。

PC用フッターを作成する

PC用フッターを作成していきます。まずは完成形を確認しましょう 図8 。

図8 PC用フッター

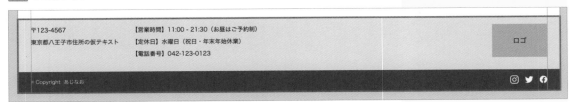

以降は、変更や調整を行った部分を確認していきます。

コピーライト部分の調整

コピーライト部分のモバイル用ワイヤーフレームからの変更点は、左右両端は30の内側に配置、コピーライト表記はフォントサイズを12としています。

住所部分のテキスト

新しい文字スタイルとしてフォントサイズが「14」、行間は「24」のものを「本文 — 14pt」として追加し、住所部分のテキストに適用しています。

郵便番号、住所、電話番号のテキストレイヤーのうち、電話番号は右側に移動させたいのですが一旦残しておきます。

郵便番号と住所（と電話番号）のテキストは別のレイヤーですが、これらを「住所」としてグループ化し、スタックを垂直方向に適用しています。「住所」のグループは上から20とします。

営業時間等のグループを追加する

「住所」グループの横に、営業時間などを追加します。このとき、前ページ 図7 で示したようにコンポーネントの外からグループやレイヤーを持ってくることはできないのですが、コンポーネント内の要素のコピーやペーストは可能です。

住所部分のテキストのグループをコピーし、ペーストしましょう。営業時間、定休日、電話番号としてそれぞれ必要なテキストを入力します。これら3つのグループは「営業時間等」という名前にします。また、左側の「住所」内の電話番号テキストは削除しておきましょう。

住所と営業時間等をさらにグループ化し、スタックする

スタックは入れ子にすることができます。「住所」と「営業時間等」をまとめた「店舗情報」というグループを作成し、それらに水平方向のスタックを適用することができます。

これによって、「住所」と「営業時間等」の中のレイヤーは垂直方向のスタック、「店舗情報」は水平方向のスタックとなります。

ロゴ部分を作成する

ロゴのサイズはW130、H80としています。位置は右から30、上から20となります。

そのほか、サンプルデータも確認しつつ、作成を進めていきましょう。

Lesson 3 10

240 min

ワイヤーフレームの作成 －PC用画面②

THEME
テーマ

前節に続いて、PC画面用のワイヤーフレームのトップページを作成していきます。また、ほかのページは細かい解説をしておりませんので、実際に作れるかチャレンジしてみましょう。

トップページを作成する

トップページのコンテンツを作成していきます。まずは完成形を確認しましょう 図1 。

図1 PC用トップページ

トップページに、メインビジュアルやキャッチコピーを配置していきましょう。

ライブラリパネルの「お弁当リスト」で右クリックし、「メインコンポーネントを編集」を選びます。すると、現在編集しているアートボードの右隣に、メインコンポーネントが生成されます。

サイズは、幅が160のところを200に、お弁当画像の高さは100から140に変更しましょう。

文字サイズは、文字スタイルを変更したことによって変更されています。お弁当のタイトルが入り切らなくなったりしているので、1行になるように文字数を調整してください。

また、お気に入りボタンのサイズなども調整しておきましょう。

お弁当リストは　リピートグリッドで5個配置し、アートボードの中央にくるようにします。お弁当リストの下には「お弁当をもっと見る」のボタンを用意しますが、これはライブラリパネルの「ボタン」コンポーネントを活用しましょう。

それから、見出し、お弁当リスト、ボタン、下線の4つをリピートグリッドとして複製しましょう。

商品一覧ページ、商品詳細ページを作成する

続いて、商品一覧ページと商品詳細ページのワイヤーフレームを用意します 図2 図3 。サンプルデータを参考にしつつ作成していきましょう。

> **! POINT**
>
> モバイル用ワイヤーフレームで作成した「お弁当リスト」のコンポーネントが、ライブラリパネルにあるため、これを修正してPC用でも活用します。

> **! POINT**
>
> サンプルデータでは1280よりも狭い幅となりますが、中央に寄せる配置としています。

> **memo**
>
> 完成デザインでは、お弁当が4個横に並ぶレイアウトとなっていますが、これはデザイナーとディレクターの間でのやりとりで変更された例で、あくまでもワイヤーフレームは検討材料の1つだといえる事例です。

> **memo**
>
> モバイル用ワイヤーフレームで作成した要素をコピーし、サイズ等を変更して使うことも有効です。

図2 PC用商品一覧ページ

図3 PC用商品詳細ページ

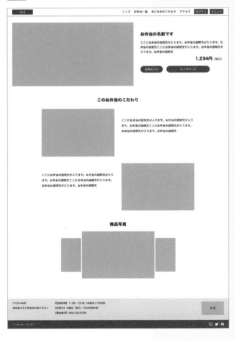

お問い合わせページを作成する

　最後に、お問い合わせ関連のワイヤーフレームを用意します 図4 図5 図6 。

　こちらも、サンプルデータを参考にしつつ作成していきましょう。

図4　PC用お問い合わせページ

図5　PC用確認画面

図6　PC用完了画面

Lesson 3 11 120min ワイヤーフレームから プロトタイプを作成する

THEME テーマ　本節では、プロトタイピング機能について解説していきます。元となるのは Lesson3-08で作成したモバイル画面用のワイヤーフレームで、そちらにプロトタイプ機能を設定していきます。

プロトタイプモードの画面

　モバイル画面用ワイヤーフレームを元に、プロトタイプを作成していきましょう。

　Lesson3-08で作成したXDファイルを開き、プロトタイプモードの画面に移動します 図1 。

図1 プロトタイプモードを開く

　プロトタイプモードでは、左側のツールバーには「移動ツール」「ズームツール」のみがあるシンプルな構成になっています。

　また、デザインモードと同様に、ライブラリパネル、レイヤーパネル、プラグインパネルの利用が可能です。

スライドメニューへの移動を設定する

まずは、プロトタイプで「ヘッダー」右上の「メニュー」ボタンを押したら、「スライドメニュー」のアートボードに移動する**インタラクション**を設定してみましょう。

「トップページ」のアートボード内、ヘッダーグループ右上の「メニュー」部分をダブルクリックします。「メニュー」の長方形部分が青くなり、要素のすぐ右の位置に、右向きの青い矢印が表示されます。

この矢印部分をドラッグし、「スライドメニュー」のアートボード内にマウスをドロップします。すると、「メニュー」部分から紐が「スライドメニュー」までつながっている表現になります 図2 。

WORD **インタラクション**

「働きかけ」や「相互作用」のことで、クリックやタップなどをした際に発生する効果を指します。

図2 メニュー部分から紐がつながっている様子

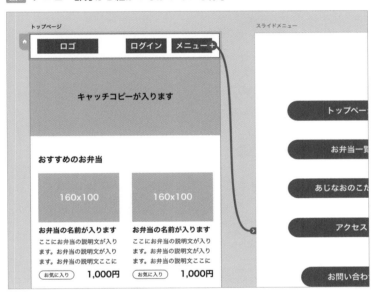

これによって、プロトタイプを起動させると、「メニュー」部分をタップ／クリックで「スライドメニュー」への移動となります。

簡易的に、この動きが設定されているかどうかを確認してみましょう。

画面右上の三角形のアイコンをクリックすると、「デスクトッププレビュー」が表示されます 図3 。

図3 デスクトッププレビューを開くアイコン

「デスクトッププレビュー」は現在の状態を表示したもので、手早く確認するために有用な機能です。

「デスクトッププレビュー」にて、 ✎「ヘッダー」の「メニュー」をクリックすると、「スライドメニュー」のアートボードに移動することができました。

トップページへ戻る機能を追加する

「トップページ」から「スライドメニュー」へ移動することはできましたが、現時点では一方通行のため、行き止まりとなってしまいます。

そこで、今度は「トップページ」へ戻るための設定を追加します。

プロトタイプモードの画面に戻り、「スライドメニュー」のアートボード右上の「close」ボタンに「トップページ」へ移動させるインタラクションを設定しましょう。

先ほどと同様に「close」ボタンを選択し、青い矢印を今度は「トップページ」のアートボードにつなげます。

あらためてデスクトッププレビューで確認すると、「スライドメニュー」から「トップページ」へ戻る機能が実装され、この2つのアートボードを行き来することができるようになりました。

スライドメニューをスライド形式で表示させる

「スライドメニュー」では、その言葉のとおりスライド式でメニューが表示させる形にしたいところです。

これを実現するためには、右の「アクション」パネルで設定を行います。

「close」ボタンから出ている紐状の部分をクリックすると、「close」ボタンを押した際の動きを、「アクション」パネルで設定できます。

「種類」の設定は、「**トランジション**」とし、「移動先」は「トップページ」とします。

「アニメーション」は「右にプッシュ」とします。

続いて、「トップページ」のヘッダー内「メニュー」から出ている紐状の部分をクリックし、「アニメーション」を「左にプッシュ」とします。

これによって、スライド式の「スライドメニュー」が表示されるようになり、意図どおりのものとなりました。

ページの上部に戻る

「トップページ」のアートボードには、右下に固定された「上に戻る」ボタンが設置されています。

プロトタイプ上でこのボタンをクリックしたときに、実際にページの上部に戻る機能を設定しましょう。

図4 では「上に戻る」ボタンの左上に、ピンのアイコンが表示されてい

! POINT

メインコンポーネントから移動先を指定した場合、インスタンスの要素も同じアートボードへの移動になります。このため、ほかのアートボードであらためて「スライドメニュー」への移動を設定しなくてすみます。

WORD ▶ トランジション

「遷移」を意味します。

ます。

　これは「スクロール時に位置を固定」が設定されている様子で、デザインモードでの制作時に、このチェックを入れているためです。また、プロトタイプモードでも右パネルに「スクロール時に位置を固定」のチェックボックスが表示されますので、そこから設定することもできます。

図4 「スクロール時に位置を固定」が適用されている様子

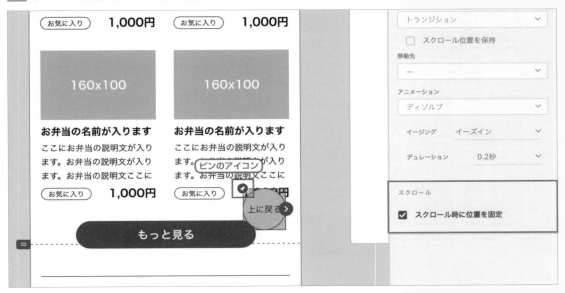

　「上に戻る」ボタンのすぐ右にある青い矢印を選択し、上方向へドラッグしていき、ドロップする箇所は「ヘッダー」とします。

　「デスクトッププレビュー」で確認すると、「トップページ」で「上に戻る」ボタンをクリックすると、ページ内スクロールとして、ページの最上部への移動が実装されたことがわかります。

各ページへの移動を設定する

　ほかのアートボードについても、主なリンクから移動できるようにしましょう。

　このとき、「商品詳細」の画面への移動は、「トップページ」の4つある「お弁当リスト」のうち、左上の1つからの移動にするとよいでしょう。「商品一覧」ページのお弁当リストも同様に、左上の1つから「商品詳細」ページへの移動ができるようにしておきます（次ページ 図5）。

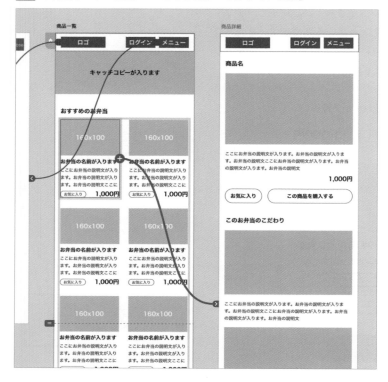

図5 お弁当リストの左上の1つから移動がつながっている様子

続いて、「スライドメニュー」の「トップページ」ボタンから、トップページへ移動する設定を行いましょう。

ただし、このとき「トップページ」ボタンがメインコンポーネントとなっている場合、ほかの3つの「商品一覧」などのインスタンスのボタンも「トップページ」への移動となってしまいます。

これを避けるためには、「トップページ」ボタンをメインコンポーネントではなくインスタンスとして配置する、または各インスタンスに設定された移動の設定を削除するなどの方法があります。

移動の設定を削除する場合は、紐状の部分をクリックし、deleteキーを押すことで削除が可能です。

お問い合わせへの移動を設定する

「スライドメニュー」の「お問い合わせ」ボタンから、「お問い合わせ」画面への移動を設定します。

このとき、ドラッグ＆ドロップで移動先設定をしようとすると、長めの距離をドラッグしなければなりません。そこで、右の「アクション」パネルの「移動先」からアートボードを選ぶと、ドラッグをせずに移動先を設定できます。

そのためには、「アクション」パネルから移動先が選べるようにします。

「お問い合わせ」ボタンのすぐ右の青い矢印部分をクリックすると、S

字カーブとなった矢印が表示され、右の「アクション」パネルから移動先が選べるようになります 図6 。

　「移動先」から、「お問い合わせ」画面を選ぶとよいでしょう。

図6　アクションパネルから移動先が選べる様子

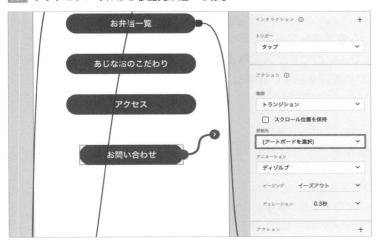

スクロールグループ内にインタラクションを設定する

　「お問い合わせ‐確認」アートボードでは、スクロールグループを用いており、スクロールをしないと表示されない部分があります。

　これをプロトタイプモードで表示させる場合、該当するスクロールグループ上でダブルクリックをすると、隠されている部分が表示され、そこから移動先などのインタラクションの設定ができます 図7 。

図7　スクロールグループ内を表示させる

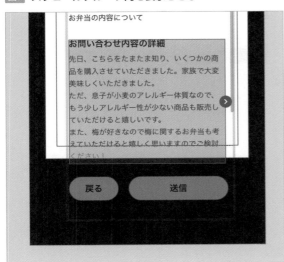

Lesson 3 12

45 min

作成したワイヤーフレームを共有する

THEME テーマ 制作したワイヤーフレームのプロトタイプやデザインを、自分だけで見るぶんには「デスクトッププレビュー」でよいのですが、これらをチーム内やクライアントなど関係者と「共有」するためのXDの機能を見ていきましょう。

XDのデータを関係者に共有する

旧来のデザインツールでは、ツールのアプリケーション自体をインストールし、関連ファイルをダウンロードして開く必要がありました。

一方、XDは確認用のURLを発行でき、Adobe XD自体をインストールしていないユーザーでもブラウザから確認することが可能です。

共有モードの画面

共有モードの画面を確認しましょう **図1**。

> **! POINT**
>
> XDの確認用ページにはコメント機能もあり、クライアントやチームメンバーの間で問題点や疑問点などを共有することで、デザインや機能の改善につなげることができます。

図1 共有モードの画面

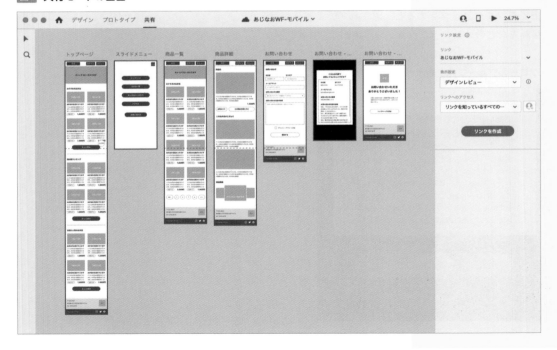

　共有モードでは、右側のパネルに「リンク設定」があり、そちらから
Webブラウザで確認するためのリンクを作成・設定できます。
　「リンク設定」内の項目を、上から順に見ていきましょう。

リンク

　「リンク設定」パネル内にある「リンク」設定では、このファイルに関連
しているリンクの切り替え、新しくリンクを作成できる「新規リンク」、
既存のリンクを削除できる「🛈リンクを管理…」が選べます。

表示設定

　「表示設定」からは、以下の4つの設定を選ぶことが可能です。

- ⬤ デザインレビュー
- ⬤ 開発
- ⬤ プレゼンテーション
- ⬤ ユーザーテスト

　これらの設定について、それぞれ確認していきましょう。

デザインレビュー

　作成したデザインやプロトタイプの確認ができる設定で、コメントが
可能です。
　また、プロトタイプで移動用のリンクが設定されていない箇所をク
リックした際に、移動設定済みの部分を青く表示してくれる「ホットス
ポットのヒント」も設定されています。

開発

　デザインレビューと同様にデザインやプロトタイプの確認ができ、コ
メント、ホットスポットのヒントが設定されています。
　それらに加えて、「デザインスペック🔵」という機能を利用可能で、要
素の余白やサイズ、色などが確認・コピーできるため、エンジニアへ渡
す場合はこの設定がよいでしょう。
　「書き出し先」は、Webデザインであれば「Web」とします。

プレゼンテーション

　この設定からリンクを開くと、フルスクリーンでプロトタイプが表示
されます。完成形に近い状態をクライアントに確認してもらう際などに
用いる設定です。

! POINT

「リンクを管理…」を選ぶと、Adobeが
提供しているサービスのCreative
CloudのWebページに移動し、そこで
「削除」や「コピー」の操作ができます。

📎 memo

4つの設定に加えて、設定をカスタマイ
ズできる「カスタム」があります。

📎 memo

次ページの 図2 に、表示設定の比較内
容をまとめています。

🔵 119ページ参照。

ユーザーテスト

フルスクリーンでプロトタイプが表示され、さらには「ホットスポットのヒント」機能も省かれた設定です。純粋にプロトタイプをユーザーにテストしてもらいたい際などによいでしょう。

カスタム

設定をカスタマイズしたものをリンクとして提供できます。

118ページ **図5** 参照。

図2 表示設定の比較表

デザインレビュー	開発	プレゼンテーション	ユーザーテスト
ホットスポットのヒント ナビゲーションコントロール コメント	デザインスペック ホットスポットのヒント ナビゲーションコントロール コメント	ホットスポットのヒント フルスクリーン	フルスクリーン

<h2>リンクへのアクセス</h2>

表示設定の下にある項目の「リンクへのアクセス」は、誰が見ることができるかを決める設定です**図3**。

「リンクを知っているすべてのユーザー」であれば、作成したリンクのURLを伝えることで閲覧が可能です。

「招待されたユーザーのみ」は、右の顔アイコンから追加したユーザーのみが見ることができます。

図3 共有ユーザーを追加する

「パスワードを知っているユーザー」の場合は、アクセスにパスワードが必要となります。

リンクを作成する

「リンクを作成」ボタンを押して、リンクを作成してみましょう。

urlアドレスのリンクが生成され、デザインやプロトタイプが確認できるWebページとなっています。

リンクを作成後は、「リンクの更新」というボタンに切り替わります。

設定を変更した場合や、デザインモードやプロトタイプモードで編集をした場合、「リンクの更新」を押さないと変更が反映されませんので、注意しましょう。

Webブラウザでの共有画面

続いて、共有されたWebページを確認していきましょう 図4 。

図4 共有されたWebページ

画面左側にはプロトタイプ、右にはコメントパネルなどが表示されます。

プロトタイプの下部には、「ナビゲーションコントロール」が表示されます。これは、ホームへのリンク、プロトタイプ・作成済みデザインの画面数、前と次の画面へのリンクが備わったインターフェースです（次ページ 図5 ）。

図5 ナビゲーションコントロール

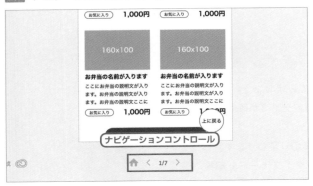

左から、ホームへのリンク、前の画面へのナビゲーション、現在の画面/画面数、次の画面への
ナビゲーション

コメント機能

　表示設定を「デザインレビュー」や「開発」でデザインやプロトタイプを
共有すると、コメント機能を利用できます。リンクを共有したメンバー
とコメントでやり取りができます。

　コメントを記入する場合、まずはAdobe IDでログインします。

　「@」を入力し、ユーザーの名前を入れることで、そのユーザーに通知
を送ることができます **図6** 。通知を受け取ったユーザーには、右上のベ
ルマークにて通知されます。

memo

ログインせずに「ゲスト」としてコメント
を残すこともできます。

図6 @でユーザーに通知する様子

　次に、画面内の特定の箇所にピンポイントで言及できる、ピン留めの
機能を確認しましょう。

　コメント欄の右下にあるピンのアイコンをクリックすると、画面内の
特定の箇所にピンを打つことができます。

ピンを打った箇所には数字が表示され、コメント内の顔の右下にも同じ数字が表示されます。この機能によって、コメントの言及箇所がわかりやすくなります 図7 。

図7　ピン留めの機能

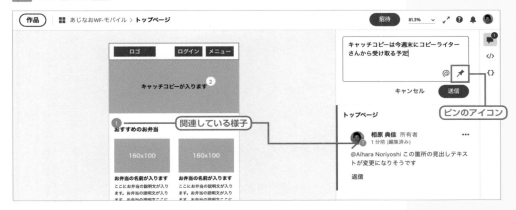

デザインスペック

表示設定を「開発」にした際に、右側のコメントアイコンの下にあるアイコンを選ぶと表示される機能が「デザインスペック」です。

デザインスペックで画面内の要素を選択すると、選択中の要素のサイズ、色、要素間の余白などを確認できる機能となります 図8 。

図8　デザインスペック

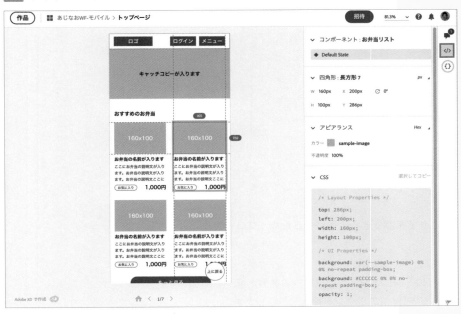

デザインが完成したあとにこの機能を用いてエンジニアに共有することで、必要な情報が渡せます。

デザインスペックやコメントを活用することで、チームのマネジメントを向上させられますので、積極的にこれらの機能を利用していきましょう。

複数の端末用のフローを作る設定

ここでは、マルチフローの機能について紹介します。

マルチフローとは、「フローの起点」を複数設定することで、1つのファイルに複数のプロトタイプを共存させられる機能です。

たとえば、「モバイル」「タブレットPC」「パソコン」のトップ画面や商品一覧画面が1ファイル内にあり、3つを別々のプロトタイプとして用意したい、といったような際に有効です。

フローを設定するには、プロトタイプモードでアートボード左上にあるホームアイコン部分をクリックします。

ホームアイコン部分の背景が白抜きの青となり、アートボード名の上に「フロー1」の表示が出ます 図9 。

図9 フローを設定する

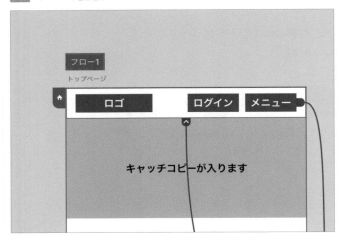

「フロー1」のままだと何のフローなのかわかりづらいので、「モバイル」や「タブレットPC」など、固有名詞をあわせた名称にしておくとよいでしょう。

さらに、フローをブラウザで確認できるようにするため、フローの共有をする必要があります。

共有モードに移動します。

「リンク設定」の「リンク」に、先ほど設定したフローの名前が選べるようになっているので、「リンクを作成」のボタンを押して作成します。

デザイナー視点で使う

ワイヤーフレームの設計図を元に、XDを使ってデザインカンプを作成する工程に入ります。サイト全体でデザインの一貫性を担保し、効率的に作業を進めるため、「デザインシステム」を取り入れてデザインしていきます。

読む 〉 ワイヤーフレーム 〉 デザイン 〉 コーディング 〉

デザイン工程でのAdobe XD

THEME
テーマ

Lesson4では、いよいよサンプルとなるショッピングサイト「こころ味 あじなお」の
デザインを、XDで作成していきます。実際のデザインに入る前に、本Lessonの構成
について見ていきましょう。

WebデザイナーとAdobe XD

Lesson4では、Adobe XDのデザイン作成ツールとしての活用方法、「こ
ころ味 あじなお」のデザインを作成する手順、Webデザイナーとして知っ
ておきたい知識などを学んでいきます。

本章の流れを見ていきましょう。

XDでデザインシステムを作成する

ユーザーインターフェースをデザインする場合、繰り返し画面に登場
する部分は、共通の資産として登録しておき、いつでも使える体制にし
ておくことで、制作のスピードや品質を向上させることができます。

共通化されたパーツのことをコンポーネント化⊕といいますが、これ
らをまとめたものを「デザインシステム」といいます。

Lesson4-02〜04の3つの節では、このデザインシステムの考え方を
理解し、作成を進めていきます。

デザインカンプの制作

Lesson4-05〜09の5つの節では、用意したデザインシステムを用い
て、トップページや商品詳細ページなどの「デザインカンプ」を作成して
いきます。このとき、まずはスマートフォンの画面を作成していきます。
Lesson4-10で、PC表示用の画面を作成します。

作成したデザインを元に、プロトタイプを作成する

Lesson3では、作成したワイヤーフレームにプロトタイプを適用しま
した。ワイヤーフレームを元にしたプロトタイプ作成の目的は、開発チー
ムメンバーへの共有が主なものでした。

Lesson4-11では、作成したデザインカンプにプロトタイプを適用し
てみることとなります。

---

memo

Lesson3（49ページ〜）はディレクター
向けの内容でしたが、ワイヤーフレーム
作成の際にXDの使い方をじっくり解説
しています。基本的な使い方が不安な
方は、Lesson3を参照してください。

➡ 64ページ **Lesson3-04**参照。

完成したデザインデータへのプロトタイプは完成形に近いものとなるため、クライアントへの共有とクライアントからのフィードバックが主な目的となります。

また、このプロトタイプはユーザーからの使いやすさをテストするユーザビリティテスト⏵にも適しているため、コーディングを実装する前のテストとして有意義なものとなるでしょう。

⮕ 19ページ　**Lesson1-03**参照。

アニメーションの作成

Lesson4-12では、XDで可能なアニメーションについて実践していきます。

PhotoshopやIllustratorとの連携

XDがやや苦手としているロゴ制作については、Adobeが提供しているアプリケーションのIllustratorを使うことになるでしょう。同様に、画像の合成や写真のレタッチはXDではなくPhotoshopを用います。

XDでは、CCライブラリという機能を用いることで同じAdobeの製品であるIllustratorやPhotoshopで作成したデータを開くことができます。

Lesson4-13では、CCライブラリの使い方とPhotoshop・Illustraorとの連携方法を紹介しています。

WORD　レタッチ

写真の明るさと暗さ（コントラスト）の調整、色の調整、例えば顔など特定範囲のみの色合いの調整といった写真加工のことです。

エンジニアとの連携

XDは共有機能が優れているアプリケーションであることはここまでの章で伝えたとおりですが、デザインの次の工程はコーディングの実装となるため、エンジニアとの連携が欠かせません。

Lesson5-01（202ページ）では、エンジニアとデザイナーとの連携の際に気をつけておきたいポイントをまとめています。

また、Webサイトのコーディングの段階では、作成済みのデザインから素材として画像を「書き出す」必要がありますが、この書き出しについてもここで紹介しています。

memo

本書のサンプルサイト、及びLesson4で作成しているデザインカンプでは、下記の方々にご協力いただきました。

● 料理提供・撮影協力：
こころ味 あじなお
https://ajinao.com/

● 撮影：
野中秀憲(fuuBRANDING)
https://fuu-branding.studio.site/

デザインシステムを理解しよう

THEME
テーマ
実際にデザインをはじめる前に重要な、要件定義やコンセプトを元にした「デザインコンセプト」と、チームでデザインを進める際に有用な「デザインシステム」を紹介します。

デザインの「下ごしらえ」

デザインを制作する際には、料理での「下ごしらえ」のように、準備が大切です。

例えば、料理において、はじめて作るメニューを料理するときには、どんな材料や調味料を用意して、いつ、どのくらいの量を入れるのか……というレシピがなければ、どのような料理ができあがるのか想像もつきません。デザインでも同じことがいえます。まったく準備をしていない状態で制作を進めてしまうと、デザインのルールやトンマナが合わなくなり、最終的に意図を失ったデザインになりがちです。

このときのレシピの1つは、ディレクターが定めた「要件定義」や「コンセプト」となります。

> **WORD** トンマナ
>
> トーン&マナーの略称で、そのデザインの色味やそなえている雰囲気など、統一感が出ているかどうかの箇所や度合いを表す言葉。

コンセプトからデザインを考える

本書で作成するサンプルサイト『こころ味 あじなお』のコンセプト➡を確認しましょう。この「コンセプト」を、デザイナーの視点から膨らませていくことが必要です。

現在のコンセプトには「どんな雰囲気のお店なのか」という情報が抜け落ちています。それらも踏まえて、デザイン面でのコンセプトの「デザインコンセプト」を用意することが重要です。

そこで、デザインコンセプトを次のように定めました。

➡ 21ページ **Lesson1-04**参照。

デザインコンセプト
- 「和」のデザインで使われる色を使う
- 和紙の表現を取り入れる
- 写真表現を用いる
- 明朝体を用いる

> **memo**
>
> このデザインコンセプトは箇条書きの簡易的なものなので、クライアントに提出するような場合は、スライド資料にするなどで体裁を整えましょう。

　これらのデザインコンセプトは、ディレクターやクライアントと、この方向性で正しいのかという点での意見のすり合わせをしながら作り上げていくとよいでしょう。

デザインの効率化につながるデザインシステム

　「デザインシステム」とは、1つのプロジェクトで用いるデザインのルールやパターンを定め、リスト化した資料のことです 図1 。このデザインシステムもまた、デザインの準備をする上で必要となる「レシピ」の1つです。

図1　あじなおのデザインシステム

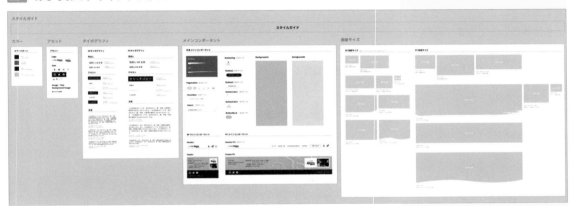

　デザインシステムには、テキストのサイズやフォントスタイル・画像サイズ・カラールール・コンポーネントなどが含まれます。

　デザインシステムは、そのプロジェクトに関わるメンバーに共有し、誰でも確認できる資料となっていることが重要です。

　デザインシステムが存在しないプロジェクトだと、作成した見出しが毎回違う太さやサイズになってしまったり、カラーの色合いを場当たり的に設定してしまったりすることになります。その結果、複数のページで見出しやカラーが微妙に違ってしまうことになり、トンマナに合わないページが量産されてしまうことになります。

　また、デザインシステムがあることによって、別のページから「この色、どのカラーコードだったかな？」などと探してくる必要がなくなり、準備されたコンポーネントをコピー・ペーストで配置できるので、効率化につながります。

デザインシステムの重要性

　デザインシステムを用意することの効率化以外の重要な点として、次の項目が挙げられます。

> **memo**
> デザインシステムを作成すること自体に少々時間を要するため、数ページしかページがないWebサイトでは、あえて作らないこともあります。

> **memo**
> デザインシステムは大規模なデザインプロジェクトに用いられ、公開されるものもあります。例えば、アメリカ合衆国政府公式のデザインシステム、なんてものもあります。

- デザイナー以外のメンバーとデザインの共通認識を持つことができる
- コンポーネントやカラーの変更が一括で反映される
- 新メンバーにデザインのルールを伝える・引き継ぐことができる

デザインシステムを作ることによって、デザインシステムがチーム内の「共通認識・共通言語」となるため、デザインの認識違いが起こる可能性を減らせます。

デザインシステム側に設定されたカラーを変更すると、ページに設定されたカラーも一括で変更されるため、各ページの色を一つひとつ変更する必要がありません。

新しく加入したメンバーや、新人デザイナーがデザインシステムを活用することによって、デザインのルールが統一され、クオリティの均一化を図ることができます 図2 。

図2 デザインシステムを構築することで意思疎通ができる

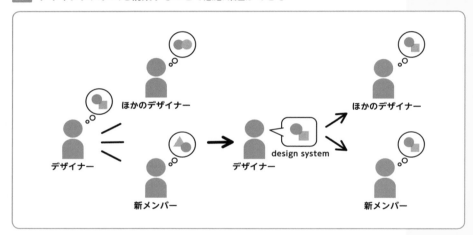

デザインシステムとして用意する項目

デザインシステムで定義する項目は、主に次のものがあります。

タイポグラフィ
- フォントサイズ
- フォントスタイル
- フォントウェイト（フォントの太さ）

カラー
- ベースカラー
- メインカラー
- アクセントカラー

WORD タイポグラフィ
文字に関するデザイン表現のことです。

余白の取り方

- セクション間
- 改行位置
- 図や画像の間

デザインのトンマナ

- レイアウト
- アイコン

コンポーネント

- ヘッダー
- フッター

Lesson3で扱った**コンポーネント**は、デザインシステムの一部として含まれることになります 図3 。

図3 ヘッダー・フッターのコンポーネント

スタイルガイドとは

デザインシステムの中に含まれる資料として、「スタイルガイド」があります。

スタイルガイドは、デザインシステムと似ているものですが、デザインシステムは「カラー」や「文字スタイル」の設定そのものを指すのに対し、スタイルガイドは「カラー」や「文字スタイル」を図示したものとなります。簡単にいえば、「色や文字などのサンプル集」がスタイルガイドです。

『こころ味 あじなお』用のスタイルガイドを用意していきましょう。

スタイルガイドにカラーパターンを作成

　今回作成するサンプルサイトは和食のお弁当のECサイトとなるので、和のサイトに適したカラーを採用しています。

　「カラー」というアートボードを作成し、そこにスタイルガイド用の設定を作成します。左側に色を設定した長方形を配置し、右側にその色の目的などを書いた解説用テキストを配置します 図4 。

図4　スタイルガイドのカラーパターン

　各カラーのカラーコードは以下のとおりです。

- Base テキストに使用：#333333
- Secondary 価格に使用：#C1381F
- Button 決定ボタンの背景に使用：#221564
- Sub メニューなどのラインに使用：#D6D6D6

　また、使用する色を🅘ドキュメントアセットのカラーに登録➡しておきましょう。

72ページ　Lesson3-04参照。

! POINT

カラー、文字スタイル、コンポーネントの名称については、完成サンプルデザインの登録名に準拠しています。

カラースウォッチについて

　カラーピッカーの下部にある「+」アイコンをクリックすると、現在の色をカラースウォッチとして保存することができます。これは、ドキュメントアセットへの登録とは別の機能となります。

　保存されたカラースウォッチを削除したい場合、カラー部分をドラッグし、カラースウォッチの外に出してドロップすると削除できます 図5 。

図5 カラースウォッチを保存する

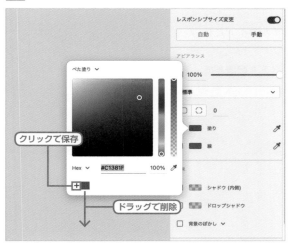

　カラースウォッチとドキュメントアセットのカラーの使い分けとしては、**カラースウォッチ**は一部の強調したいテキストや全体のルールとは違う配色を適用したいときなど**その色を単体で使うとき**に使用し、**ドキュメントアセットのカラー**はブランドカラーやコーポレートカラーなどの**ページ全体に使われる色**に使用するとよいでしょう。

テキストで使う黒色について

　テキストのカラーは、デザイン初心者だとデフォルト色の#000000を使用しがちですが、完全な黒となるため、真っ白の背景の上にテキストを配置する場合、黒が強すぎるという印象を与えてしまうことがあります。

　そこで、少し落ち着いた#333333などのほんの少し灰色の黒を使うことで、視認性もよくなります**図6**。

図6 #000000と#333333を比べた印象の違い

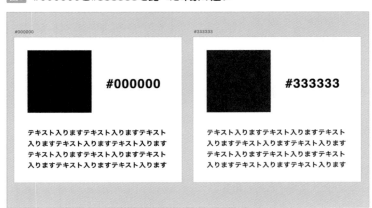

スタイルガイドのタイポグラフィを作成

続いては、見出しや文章などのタイポグラフィをスタイルガイドとして用意します。

「タイポグラフィ」というアートボードを用意し、テキストを配置していきましょう 図7 。

図7 タイポグラフィ

タイポグラフィでは、以下の項目をそれぞれ準備します。

- 見出し
- テキスト
- 文章

左側にはタイポグラフィとしてのテキスト、右側は「文字スタイル」名と設定のメモ書きテキストを用意します。細かいフォントの種類、サイズ、太さなどは完成サンプルデザインのデータを参考にしつつ、作成してみましょう。白色のテキストの場合、アートボードの白と同化して見えなくなってしまうので、グレーか黒の背景を配置しておきます。

各項目は、スマートフォン（**SP**）とパソコン（**PC**）用をそれぞれ用意し、文字スタイルとしても登録しておきましょう。

memo
完成サンプルデザインの「文章」のタイポグラフィは、上にタイポグラフィとしてのテキスト、下に説明文としてのテキストとしています。

WORD SP

スマートフォン（Smartphone）の略称。パソコンはPCのため、本書では「PC／SP」のように使います。

実制作でデザインシステムを作るタイミング

本書では、最初にデザインシステムから作り始めていますが、実際の現場ではこのように「まずデザインシステムを作る」という手順はほとんどありません。

これは、複数ページを作るうちにようやく共通のタイポグラフィやカラーのパターンが見えてきて、それらを踏まえて共通のデザインシステムとして登録することになるからです。

流れとしては、「制作を進める」→「共通のカラー・コンポーネント・テキストなどがわかってくる」→「デザインシステムとして登録」といった順番になることが多いです。

一度しか出てこないカラーやテキストは、あえてデザインシステムに登録しないこともあり、このあたりの判断には慣れが必要ですが、例えば「3回目に出てきたカラーやテキストは登録する」といった決まりごとがあるとよいでしょう。

デザインシステムの作成 −ヘッダーとフッター

Lesson 4
03
120 min

THEME テーマ　デザインシステムのうち、アイコンやロゴ、各ページの上部に設置するヘッダー、下部に設置するフッターをそれぞれ用意していきましょう。

ロゴをスタイルガイドに追加する

ロゴやアイコン類をスタイルガイドに追加していきましょう 図1 。

図1　ロゴとアイコン

「ロゴ・アイコン」という名前でアートボードを作成します。

ロゴについては、素材データの「logo/logo1.png 〜 logo/logo2.png」データをXDに配置してください。配置方法はLesson3◑で紹介していますので、そちらを参照してください。

アイコンをスタイルガイドに追加する

ロゴと同様に、素材データの「icon」フォルダ内のデータをXDに配置していきましょう。このうち、「2」と表示されているバッジと、ハート2種類は素材に含まれていないので、それ以外を追加します。バッジとハー

memo
サンプルデータでは「アセット」というアートボード名にしています。

➡ 59ページ　Lesson3-04参照。

トは後ほど作成します。

　白色のアイコンを配置する場合、アートボードの白と同化して見えなくなってしまうので、グレーか黒の背景を配置しておきます。

アイコンを用意する際のサイズ

　Appleが提唱している**iOSヒューマンインタフェースガイドライン**によると、スマートフォンでクリックやタップを行う要素に最適な大きさは**44pt以上**となります。

　アイコンの場合、アイコン自体のサイズが44pt未満の場合でも、44pt以上の長方形の背景を含めたグループにすることで、44ptの選択できる範囲を確保しつつ、サイズのバランスを崩さないアイコンとして用意できます。

　このときの長方形を、「塗り」「線」の両方をチェックなしとして用意すれば、見えない要素となりますので、アイコングループの下に色付きのレイヤーがあっても問題なく配置できます 図2 。

図2　見えない背景とアイコンがグループ化されている様子

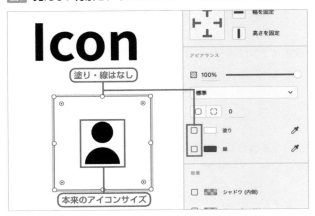

バッジを作成する

　買い物かごアイコンの右上に、かご内に何個の購入前商品が入っているかを表すバッジを用意します。

　真円を作成し塗りに「Secondary」を適用、線は#FFFFFF、外側に設定した上で線幅は「2」とします。

　この円には**ドロップシャドウ**を適用します。プロパティインスペクター内の効果にあるドロップシャドウにチェックを入れることで、影をつけられます。

　Xは左からの位置、Yは上からの位置、Bはどの程度ぼかすかの値となります（次ページ 図3 ）。

WORD　ドロップシャドウ

多くのデザインツールでは影のことをこのように呼びます。

図3 ドロップシャドウを加える

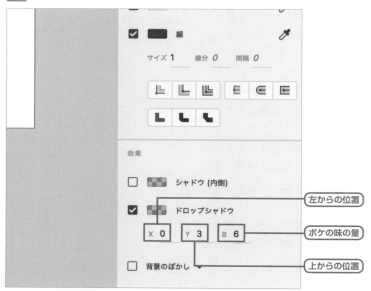

　円の中央の位置に🖊️数字を配置、色は白とします。サイズはやや小さめのサイズとしましょう。

　ドロップシャドウやフォントの数値など、細かい設定はサンプルデータを参考にしつつ作成してみましょう。

ハートの作成方法

　多角形ツールで三角形の要素を作り、アピアランスパネルのコーナーカウントの値が「3」となっているところを「🖊️<3（大なり記号、アラビア数字の3）」と入力すると、ハートが作成できます。

　サイズを調整して、アイコンの1つとしてスタイルガイドに設定しておきましょう。

ヘッダー・フッターを作成する

　続いては、ヘッダーを作成します。

　ヘッダー作成については、**Lesson3**のワイヤーフレームのヘッダーを作成した際の流れ⏵と一緒なので、そちらも参照しつつ進めていきましょう。

　完成サンプルデザインでは、「メインコンポーネント」というアートボードを用意し、その中にボタン等がある「共通メインコンポーネント」、SP用ヘッダーとフッターの「SPメインコンポーネント」、PC用ヘッダー・フッターの「PCメインコンポーネント」という区分けをしています。

　これに沿わない形でも構いませんので、アートボードを用意し、その中にまずはスマートフォン用のヘッダーを作成していきます。

⏵ 58ページ　**Lesson3-04**参照。

! POINT

数字が2桁をとることができる場合、枠からあふれても見やすいよう影などをつけておくのか、それとも枠からはみ出さないサイズにするのか、などの点を考慮しておくとよいでしょう。

! POINT

欧米圏ではハートを横から見たときの図として「<3」と表現されることがあり、XDではちょっとした遊び心も兼ねてハートを作成する機能として実装されています。

SP用ヘッダーを作成

　ヘッダーの背景となる長方形を作成します。この長方形はほんの少し透過させたいので、「塗り」のカラーピッカーを表示させ、右の「塗りの不透明度」のバーを90にします。

　この長方形には影をつけたいので、ドロップシャドウを設定しておきましょう。

　その上にロゴ・アイコンをそれぞれ配置しましょう。買い物かごアイコンに加えて、バッジも配置します。

　作成したヘッダーはコンポーネントとして登録しておきます。

memo
アピアランスパネルの「不透明度」を90にすることでも透過させることが可能です。

SP用フッターを作成する

　フッターの作成に関しても、**Lesson3**のフッター作成の流れ◯を参照しつつ、進めてみましょう。

　🖉背景画像となる和紙の部分は、長方形を作り、素材データの「images/BackgroundFooter.png」を長方形の真上にドラッグ＆ドロップで配置します。

　これによって、長方形の範囲内に収まるように和紙素材が配置されました。

　フッターに入力するテキストは、素材データの「text/Footer.txt」となりますので、そちらを反映しましょう。

　作成したフッターもヘッダーと同様に、コンポーネントとして登録しておきます。

74ページ **Lesson3-05**参照。

! POINT
和紙素材は次の節で「共通メインコンポーネント」に背景素材として用意します。

PC用ヘッダー・PC用フッターを作成

　さらに、PC用のヘッダー・フッターも作成しておきましょう。

　PC用で用意する幅は「1280」となるため、その幅が入り切るようにアートボードの幅も十分に広げておきます。

　SP版を複製し、PC用に作り変える手順は、**Lesson3**のPC用ワイヤーフレーム作成の流れ◯を参照しつつ、レスポンシブサイズ変更を用いて作成していきましょう。

98ページ **Lesson3-09**参照。

Lesson 4

04

240 min

デザインシステムの作成
－共通メインコンポーネント

THEME テーマ　デザインシステムのうち、線やボタン、背景などを用意していきましょう。また、画像を配置する際に役立つ、画像のサイズを表すコンポーネントも準備しておきます。

共通となるメインコンポーネントを作成

　線、ボタン、背景用の画像などのパーツを、スタイルガイドに作成し、共通メインコンポーネントとして登録していきます 図1 。

図1 共通メインコンポーネント部分

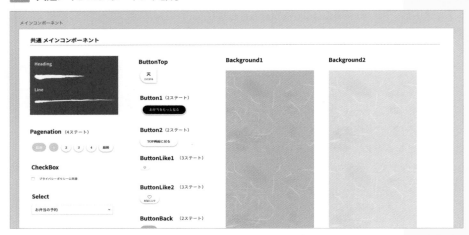

作成する素材は以下のとおりです。

- 線
- ページネーション
- チェックボックス
- セレクトボックス
- ボタン
- 背景

　これらのコンポーネントを配置するのに十分なスペースのアートボードを用意しましょう。

📝 memo

本書の学習用ダウンロードデータに収録している背景素材は著者が作成したものですが、Lesson4の誌面では、デザインカンプの背景素材に「フリーテクスチャ素材館」の素材画像を使用いたしました。

- フリーテクスチャ素材館
  https://free-texture.net/

- 誌面での使用素材
  https://free-texture.net/seamless-pattern/5-tesukiwashi-pattern-set.html

線の作成

　線は、見出し文の装飾用のものと、区切り線として利用するものの2種類を用意します。

　白い画像になるので、事前に背景用の長方形を敷いておきましょう。

　素材の「images/Heading1.png」と「images/Line.png」をそれぞれ適切なサイズで配置します。それぞれの上部に説明用の見出しを配置したら完了です。

ページネーションの作成方法

　リストをいくつかページに分けて表示する際に使うページネーションを作成します。完成形としては次のとおりです 図2 。

図2　ページネーション

Pagenation（4ステート）

最初　1　2　3　4　最後

　このページネーションには、「ボタンを押せる状態」と「ボタンを押せない状態」の2種類があり、白背景に黒文字の表示は「押せる状態」、グレーの背景に白文字の表示は「押せない状態」となります。

　左端の「最初」とその右隣の「1」は押せない状態のボタン、「2」〜「4」と「最後」は押せる状態のボタンとして作成します。

ボタン部分をそれぞれ作成する

　まずは「押せない状態」を表すボタンを作成します。サイズ、文字サイズ、余白等の細かい設定については、サンプルデータを参考にしつつ進めてください。

　長方形ツールで角丸長方形を作成、カラーを灰色（#E2E2E2）とし、「最初」の文字はカラーを白（#FFFFFF）にしましょう。文字と背景をグループ化しておきます。

　楕円形ツールで真円を作成し、「1」の数字を上に配置します。文字と背景をグループ化しておきます。背景色、文字色は「最初」のボタンと同じ色にします。「1」と「最初」のボタンをグループ化し、「レイアウト」パネルにある「スタック ➕」を設定しておくとよいでしょう。

　「1」を3つ複製します。このとき、スタック機能を設定している場合、**option［Alt］での複製**➡をした際に一定の間隔で複製できて便利です。

> **memo**
> ページネーションでは、このボタンのように影がついていることでボタンとして浮き上がっているように見せることや、色などの装飾によって「押せそう」な様子を表現することが必要となります。

➡ 102ページ　**Lesson3-09**参照。

➡ 70ページ　**Lesson3-04**参照。

3つの「1」を「2」～「4」にそれぞれ変更します。「最後」のボタンも「最初」のボタンを複製してテキストを変更します。

　「2」～「4」と「最後」は、文字色が黒、背景は白、下方向のドロップシャドウを設定します。

　最後に、完成したページネーションをコンポーネントとして登録します。

2つ以上の「状態」をとれる「ステート」

　このページネーションのように、2パターン以上の「状態」をとることを「ステート」と呼び、XDにはこのステートを機能として設定することができます。

　右側のコンポーネントパネルには、コンポーネント化した時点で「初期状態のステート」という表示が出ています。これは、コンポーネント化した最初の状態を1つの「ステート（状態）」と考え、さらに他の「ステート（状態）」を追加していくことになるためです。

　「+」をクリックして「新規ステート」を選択し、ステート名を「2ページ」にします 図3 。

図3 新規ステートを作成

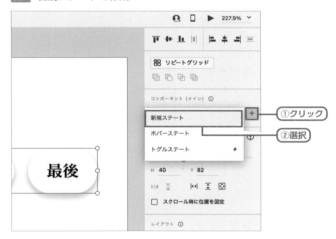

　「2ページ」のステートは、ボタンの「2」がグレー背景で白文字の「押せない状態」とすることで、現在のページは2ページ目だということを伝えるものとします。

　「最初」と「1」のボタンは白背景、黒文字の「ボタンが押せる状態」に変更します。

　コンポーネントパネルで、「初期設定のステート」と「2ページ」をクリックして切り替えてみましょう。ボタンの表示が変わることを確認します。「2ページ」のステートで変更した状態が保存されていて、「初期設定のステート」とは別の状態となっていることがわかります 図4 。

図4 2ページのステート

　3ページ目、4ページ目も新規ステートから「3ページ」「4ページ」のステートを作成し、同じ方法でボタンの設定をしていきます。「4ページ」では「最後」のボタンも忘れずに「押せない状態」として設定します。

プロトタイプモードでページ遷移を表現する

　プロトタイプ機能を用いることで、「2」を押したら「2ページ」目になり、「最後」や「4」を押したら「4ページ」目になるように設定することが可能です。

　プロトタイプモードを開き、ページネーションを選びます。右側の「コンポーネント」パネルでは、デザインモードと同じく各ステートが選べるようになっていて、「2ページ」「3ページ」などのステートに切り替えられることがわかります。

　まずは、「2」をクリックしたら「2ページ」のステートに切り替わる設定を実装してみましょう。「コンポーネント」パネルで「初期設定のステート」を選びます 図5。

図5 プロトタイプモードの初期設定のステート

　「2」のボタンのグループを選択し、右向きの青い矢印アイコン部分をクリックします。

　Lesson3でのプロトタイプの設定➡では、この矢印アイコンから伸びた紐を、別の画面に接続することで、遷移することができました。しかし、今回は同じコンポーネントの別ステートへ遷移したいところです。

 108ページ　Lesson3-11参照。

これを実現するためには、紐の先をつなげずに、右の「アクション」パネルから設定します。

「アクション」パネルの「移動先」をクリックすると、罫線のすぐ下に先ほど設定した「2ページ」「3ページ」などのステートが表示されます。その中の「2ページ」を選択しましょう 図6 。

図6　アクションパネルの移動先から「2ページ」を選ぶ

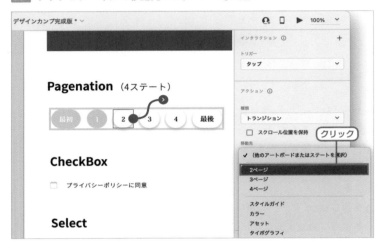

すると、紐の先の矢印アイコンが、雷アイコンに変化しました 図7 。これは「ステート」の遷移を表現しているアイコンです。

図7　の先のアイコンが雷アイコンに変化

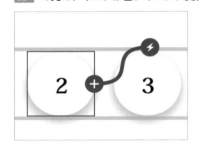

デスクトッププレビューで確認する

ここで一度、「デスクトッププレビュー」で確認してみましょう。デスクトッププレビューは画面右上の三角形の「再生ボタン」アイコンから立ち上げられます。

「2」を押したら「2ページ」のステートに変化していることを確認します。

これで、プロトタイプでステートに遷移させることができました。

「2ページ」から「初期設定のステート」へ戻る設定

まだ「2ページ」から「初期設定のステート」へ戻ることはできないので、その設定を行います。

デスクトッププレビューは一度非表示にして、プロトタイプモードを開きます。ページネーションを選択し、右の「コンポーネント」パネルから「2ページ」を選択します。

「1」のボタンと「最初」のボタンを押したら「初期設定のステート」へ遷移するよう、「1」のボタンを選び、右の「アクション」パネルの「移動先」を「初期設定のステート」としましょう。「最初」のボタンも選択し、同様の設定にします。

デスクトッププレビューを開き、「2」と「1」で移動できるようになっていれば問題ありません。

各ステートで各ボタンの移動を設定する

これまでの流れに沿って、「初期設定のステート」の「3」、「4」、「最後」のボタンに、「3ページ」と「4ページ」への移動をそれぞれ設定します。同様に、「2ページ」〜「4ページ」の各ボタンからの移動を設定していきましょう。

最初はこの「ステート」を切り替えるプロトタイプの設定で混乱しがちなので、1つボタンを設定するごとに「デスクトッププレビュー」で確認するとよいでしょう。

チェックボックスとセレクトボックスの作成

続いては、チェックボックスとセレクトボックスを作成していきます。どちらも、お問い合わせページのフォームで使う素材となります。

チェックボックス

チェックボックスは、角丸の正方形を作成し、縦方向にグレーから白のグラデーションを設定⬇することで表現しています 図8 。または、効果パネルの「シャドウ（内側）」を設定する方法でもよいでしょう。

➡ 148ページ **Lesson4-05**参照。

図8 **チェックボックス**

CheckBox

☐ プライバシーポリシーに同意

セレクトボックス

　セレクトボックスは、角丸の長方形を作成し、薄いドロップシャドウを設定することで表現しています。内側には色を薄いグレーにした**プレースホルダー**テキストを入れています。右側の下向きの矢印については、素材データの「images/Pulldown.svg」データをXDに配置しましょう**図9**。

図9　セレクトボックス

ボタンの作成

　続いては、サイト内で使うボタンを準備しましょう。以下の種類のボタンをスタイルガイドに作成していきます**図10**。

- ページ上部へ戻るボタン
- **CTA**ボタン
- 白色のボタン
- Likeボタン2種類
- 戻るボタン

図10　スタイルガイドに作成するボタン

WORD　プレースホルダー

後ほどテキスト等を入れるために確保されている場所のことで、この場合は仮のテキストが入っています。

WORD　CTA

Call to Actionの略で、サイト内のボタンのうち、「お申し込み」や「購入する」といった、ユーザーの行動を喚起するボタンのことをCTAボタンと呼びます。

memo

Likeボタン以外は1種類しか用意していませんが、これはSP／PCの両方で同じサイズとして使うボタンとなるためです。

ページ上部へ戻るボタンを作成する

　クリックやタップをした際に、ページの最上部へスクロールして戻すためのボタンを作成します。

　左側のみ角丸になる形なので、左上と左下のみ角丸の半径を適用します。長方形を用意し、「各角丸に異なる半径を使用」から設定が可能です 図11。

図11　左上と左下のみ角丸の半径を適用する様子

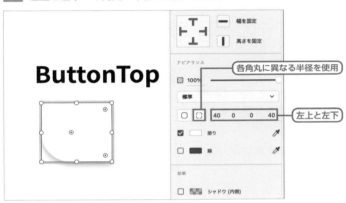

　中央のやや上に配置するアイコンは、スタイルガイドのアイコンに配置してあるものなので、そちらからコピーして持ってきましょう。「上に戻る」テキストを配置し、グループ化とコンポーネント化を行います。

CTAボタンを作成する

　CTAボタンとは、ユーザーの行動を喚起するボタンのことですが、本書で作成するサンプルデザインでは紫色のボタンとしています。完成サンプルデザインでは「Button1」の名称のボタンを指します。

　角丸の長方形とし、塗りは「ドキュメントアセット」のカラーの「Button」を設定します。要素の外側には白色の線を設定、下方向のドロップシャドウを設定します。

パディングを設定する

　長方形のボタンに「パディング」の設定をしておくことで、ボタンの中にあるテキストが増減しても、文字幅に応じてボタンの幅が伸び縮みします。

　長方形とテキストをグループ化し、右側「プロパティインスペクター」内の「レイアウト」パネルにある、パディングにチェックを入れます。

　入力した数値が、長方形とテキストとの「内側の余白」として設定されますが、今回は上下と左右で違う値にしたいので、「すべてのパディング値」を選び、値を左から「14」「30」「14」「30」と入力します（次ページ 図12）。

図12 ボタン内のパディング設定

この設定によって、ボタンのサイズをバウンディングボックスからは変更できなくなりましたが、テキストの文字数やサイズを変更すると、それに応じてボタンのサイズも変わるようになりました。

作成したCTAボタンはコンポーネントとして登録しておきましょう。

ボタンにホバーステートを適用する

ボタンにホバーした際にボタンを変化させる表現を、XDでは「ホバーステート」として実装できます。

先ほど作成したCTAボタンにホバーステートを適用してみましょう。CTAボタンを選び、右側プロパティインスペクターの「コンポーネント」パネル右の「+」をクリックして、「ホバーステート」を選択します図13。

図13 ホバーステートを選択

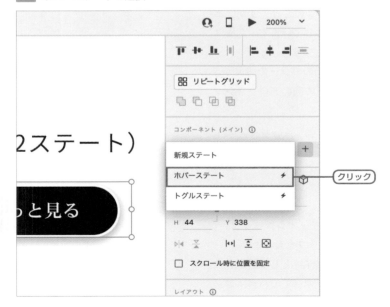

覆い被さる状態のことで、Webサイトではマウスカーソルが要素の上に乗っている状態を指します。

memo

スマートフォンではマウスカーソルがないのでホバー時の設定をする必要はありませんが、今回はPC用にも使うケースを想定しているので、ステートを作成しています。

CTAボタンのグループの不透明度を50％にします。

デスクトッププレビューでカーソルをホバーさせたときに、ボタンが薄くなっていれば完成です。

残りのボタンを作成する

ほかのボタンもそれぞれ作成していきます。

- 通常ボタン
- Likeボタン（2種類）
- 戻るボタン

Likeボタンについては、ハートがスタイルガイドのアイコンにありますので、そちらからコピーして持ってきましょう。

背景画像を用意する

和紙の背景画像をスタイルガイドに準備します。

素材データの「images/Background1.png」をXDに配置しましょう。この素材は、タイル状に配置した際に、右端と左端、上部と下部の区切りが目立たない、シームレスな画像となっています。

この単体の画像に対してリピートグリッドを設定し、下と右の余白を0とします。また、レスポンシブサイズ変更はチェックを外し、コンポーネント化しておきます。このように設定しておくことで、表示を崩さずにサイズ変更ができる背景画像となります。

画像サイズのコンポーネントを用意する

最後に、サイト内で使う画像のパターンに合わせて、「画像サイズ」というコンポーネントを準備しておきます（次ページ図14）。

memo
完成版のサンプルデザインでは、これらのボタンの押された状態などのステートを用意しています。そちらを参照しつつ、別ステートの作成にチャレンジしてみてください。

memo
背景画像は2種類あるので、同様に作成していきます。

! POINT
リピートグリッド右の余白も0にしておくことで、横に伸ばす必要のあるPC用背景にも対応できるようになります。

! POINT
画像パターンは、ワイヤーフレームからおおよそのサイズ、パターンを割り出して決めましょう。

図14 画像サイズのコンポーネント

　作成する画像サイズのパターンは以下のものとなります。完成サンプルデザインのデータも参考にしつつ作成していきましょう。

- ● トップページのキービジュアル
- ● トップページのイメージ画像
- ● 一覧ページのキービジュアル
- ● 詳細ページのキービジュアル
- ● サンクスページのキービジュアル
- ● 商品の一覧画像
- ● 商品の詳細画像
- ● 商品のイメージ画像
- ● フッターの店内画像

　これらのうち、波線が含まれている画像パターンと、毛筆表現が含まれている画像パターンは、それぞれ素材データの「pattern/PatternThanks.svg」、「pattern/PatternTop.svg」をXDに配置し、サイズを調整しましょう。

Lesson 4
05
180 min

トップページを作成する

スマートフォンのデザインカンプ作成を進めていきます。まずは、そのうちのトップページを作成していきましょう。

基本設定

ヘッダーとフッターに続き、トップページのデザインを作成していきます。まずは完成形を確認しましょう 図1 。

アートボードを配置します。高さは任意のサイズで、幅は「375」とし、ガイドをアートボードの左右の内側から15の位置に配置しましょう。なお、ガイドはほかのページでも同一の位置に作成します。

ドキュメントアセットのコンポーネント、またはスタイルガイドから背景画像をコピーして配置、全面に広げます。

背景画像は操作をミスしてずらしてしまいがちなので、⌘[Ctrl]+Lキーで、レイヤーにロックをかけておくとよいでしょう。

キービジュアルを作成

スタイルガイドに作成した「画像サイズ」のコンポーネントから、トップページのキービジュアルに使用する画像パターンを配置します 図2 。

図2 キービジュアル用の画像パターンを配置

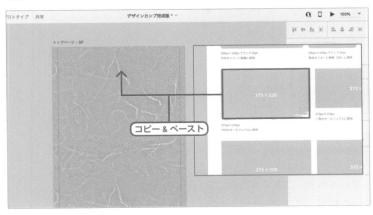

図1 ページの完成形

キービジュアル用の画像パターンに、素材データの「photo/SP/TOP_KV.png」ファイルをドラッグ＆ドロップして配置します。

これによって、画像パターンの形でくり抜かれるように、お弁当のキービジュアルを配置することができました 図3 。

図3　画像パターンにキービジュアルを配置

キャッチコピーの背景を作成

次は、キャッチコピーの背景となる帯状の長方形を作ります。

この長方形には、右から左にかけて徐々に透明になるグラデーションをかけます。

塗りを選択し、表示されたカラーピッカーの左上にある「べた塗り」をクリックし、「線形グラデーション」を選択しましょう 図4 。

図4　キャッチコピーの背景を作成

グラデーションの領域が縦方向になっているので、これを横方向に変更します。中央にある両端が円になっている線が、グラデーションの方向を決めているものです。これを調整しましょう。

上の円をドラッグして長方形の左に移動させ、下の円をドラッグして長方形の右に持っていきます 図5 。

図5 グラデーションの方向

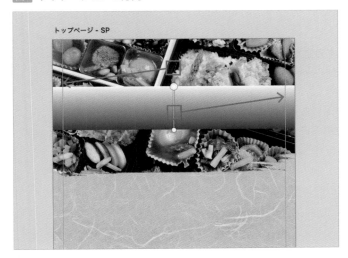

左が白、右がグレーの長方形となりましたが、左を透明の黒、右を半透明の黒とします。

カラーピッカーの「線形グラデーション」と記載されているすぐ下に、グラデーションを表しているバーがあり、この両端に円のアイコンがあります。この円アイコンが二重丸になっているほうが、現在調整している色となります 図6 。

図6 グラデーションの色を変更する

それぞれの設定は次のとおりです。

- 左端：黒（#000000）／不透明度0%
- 右端：黒（#000000）／不透明度80%

キャッチコピーのテキスト部分の作成

グラデーションの帯の上に、キャッチコピーを設定します。

素材データの「text/TopPage.txt」を開き、コピー・ペーストで配置しましょう。

キャッチコピーのテキストは、スタイルガイドにある「Catchcopy」の文字スタイルを適用します。また、以下の設定のドロップシャドウを加えます。

- ドロップシャドウの塗り：#000000
- ドロップシャドウの不透明度：70%
- ドロップシャドウの設定：X 0, Y 0, B 4

ヘッダーを配置

続いて、SP版のヘッダーをアートボードの最上部に配置します。

キービジュアルを作成してからの配置としたのは、キービジュアルの上に重なるようにしたかったためです。

このヘッダーの長方形の背景部分は透過する設定となっているため、下に重なっているキービジュアルが少しだけ透けて見ることができます。

また、プレビューやプロトタイプのとき、スクロールした際に固定されている設定とするため、「スクロール時に位置を固定」にチェックを入れておきましょう。

memo

ドキュメントアセット、またはスタイルガイドから持ってきます。

キービジュアル下のイメージ画像を作成

キービジュアルの下には、お店の特徴を伝えるテキストの入ったイメージ画像を配置します。

イメージ画像用の「画像パターン」をまずは配置し、素材データの「photo/SP/TOP_img.png」をドラッグ＆ドロップして配置します。

見出しと文章は、素材データの「text/TopPage.txt」を開き、コピー＆ペーストで配置しましょう。

見出しを作成

次は、「おすすめのお弁当」部分の見出しを用意します。

背景には毛筆の画像が入るので、スタイルガイドの「Heading」をコピーして配置します。

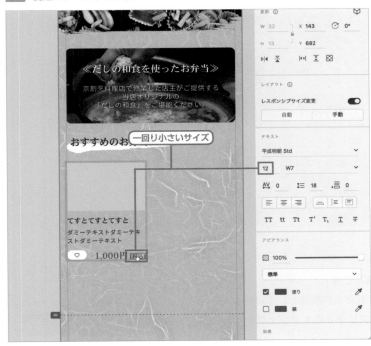

その上に少し重なるように「おすすめのお弁当」とテキストを入力します。文字スタイルは「Heading2」を反映させましょう。

「お弁当リスト」を作成

続いて、「お弁当リスト」を作成していきましょう。

お弁当の写真部分として使用する「画像パターン」を配置します。

商品名と商品説明のテキストは、それぞれエリア内テキストを作成し、ダミーテキストを入れておきます。

お気に入りボタン（小）を配置します。

価格のテキストについては、いったん「1,000円」と入力しておきましょう。文字スタイルの「Price」を反映させます。

価格の「税込」部分に関しては、一回り小さいフォントサイズとなります。Priceの文字スタイルを適用しつつ、そこからフォントサイズを「12」などに変更したものを配置しましょう 図7 。

図7 税込のテキストを入力

お弁当リスト部分はグループ化しておきます。

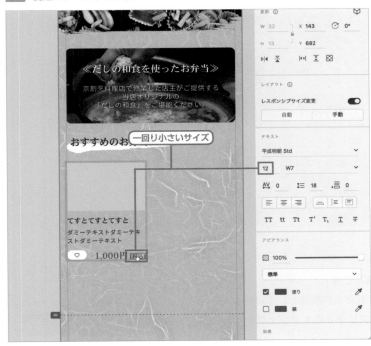

お弁当リストをリピートグリッドで複製

作成した「お弁当リスト」のグループを選択し、リピートグリッドとして2列、2段になるように複製します。

お弁当画像を一括で挿入する

XDでは、リピートグリッド内の長方形に画像をドラッグ＆ドロップすることで、複数の画像を一括で挿入できます。

素材データの「photo/SP/ObentoA.png ～ photo/SP/ObentoD.png」の画像をまとめて選択し、ドラッグ＆ドロップして挿入します 図8 。

図8 商品画像のファイルをまとめてドラッグ＆ドロップ

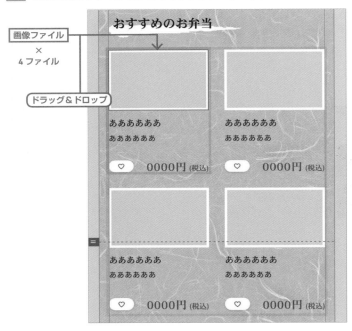

お弁当用テキストを一括で挿入する

画像と同様に、テキストも内容を一括して挿入できます。

このとき、テキストファイルの行がそれぞれの項目として対応します。

1行目のテキストが1つ目のリピートグリッドのオブジェクト、2行目のテキストが2つ目のリピートグリッドのオブジェクト…といったように配置されます。

素材データの「text/Title.txt」をお弁当名にドラッグ＆ドロップして挿入しましょう 図9 。

> **memo**
> 一括入力をする際のテキストファイルは、保存する拡張子を「.txt」、文字コードはUTF-8にする必要があります。ほかの文字コードだと文字化けしてしまうので注意してください。

図9 商品テキストのファイルをドラッグ＆ドロップ

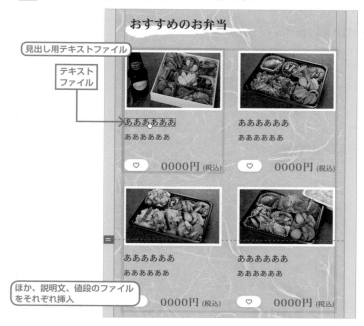

お弁当名がそれぞれ変更されました。

続けて、説明文「text/Description.txt」、価格「text/Price.txt」も挿入しましょう。

もっと見るボタン、区切り線を配置

Lesson3の手順を参考に、カテゴリーごとに分けるセクションの区切り線を入れます⬧。

スタイルガイドから「Button1」、「Line」をコピーし、それぞれを配置します。

カテゴリーの要素一式をリピートグリッドにして3つ複製します。

グリッドの隙間をマウスオーバーし、ピンク色になった状態でドラッグしてマージンの値を30にします。

89ページ　**Lesson3-07**参照。

フッター、上に戻るボタンを配置

SP用のフッターをアートボード最下部に配置します。

最後に、ページの「上に戻るボタン」を配置します（次ページ図10）。

ButtonTopをコピーし、**ビューポートラインから20ほど上部に配置します**。これはLesson3-07で扱った方法となりますので、そちらも参照してください⬧。

90ページ　**Lesson3-07**参照。

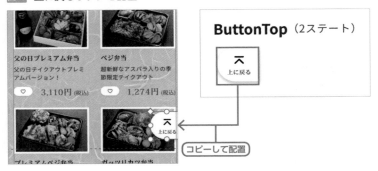

図10 上に戻るボタンを配置

ButtonTop（2ステート）

∧
上に戻る

コピーして配置

「上に戻る」ボタンを配置したあと、「変形」パネルにある「スクロール時に位置を固定」にチェックを入れておきます。

それから、ヘッダーを選択し、右クリックのメニューから「最前面へ」を選ぶか、レイヤーパネルを調整してヘッダーを最前面にしておきましょう。これは、プロトタイプモードやデスクトッププレビューで確認したときに、ヘッダーが最前面にない場合は重なりが下になってしまうため設定します。

「デスクトッププレビュー」で確認し、問題なければ完成です。

スマートフォンアプリで表示を確認してみよう

XDのスマートフォンアプリを使うことで、共有されたドキュメントをiOSやAndroidなどのモバイルデバイスで確認することができます**図11** **図12**。

実際の端末で確認できるので、テキストの読みやすさや、ボタンやアイコンのタップしやすさなどのUIを検証するのにおすすめです。

memo
USBでPCに接続しても、プレビューを確認することができます。なお、PCのOSがWindowsの場合、Androidではリアルタイムプレビューが表示されません。また、WindowsとiPhoneで接続する場合は、WindowsにiTunesがインストールされている必要があります（2021年8月現在）。

図11 XDのiOSモバイルアプリ

https://itunes.apple.com/jp/app/
adobe-experience-design-preview-your-
prototypes/id1146597773?mt=8

図12 XDのAndroidモバイルアプリ

https://play.google.com/store/apps/
details?id=com.adobe.
sparklerandroid&hl=ja

Lesson 4 06

スライドメニューを作成する

90min

THEME テーマ ページ内右上のハンバーガーメニューアイコンをタップした際に表示される、スマートフォン用のスライドメニューを作成していきます。

スライドメニューの基本設定

スマートフォンでは、グローバルナビゲーションが入り切らないため、別の画面としてナビゲーションメニューを表示させることが多くありますが、別ページへ移動するのではなく、🖊現在のページに覆い被さるように全画面表示されます。

本書の完成サンプルデザインも、全画面表示のメニューとなっています 図1 。

アートボードを設定しましょう。幅は「375」、高さは「800」としておきます。

背景画像として、グレーの背景の「Background2」をアートボードに配置し、全面に広げます。

メニューのタイトルと「×」アイコンを配置

画面左上に、「Menu」とテキスト入力して、文字スタイルの「Heading1」を反映します。

画面右上は、スタイルガイドから「IconClose」をコピーして配置します。

メニュー一覧を作成

メニューのリンクを作成しましょう。

装飾として、毛筆の下線を配置した表現とします。スタイルガイドから毛筆の線である「Heading」をコピーして配置します。塗りの色はグレーとしたいので、ドキュメントアセットの「カラー」の「Sub」を反映します。

テキストは「トップ」と入力し、文字スタイルの「Heading2」を選択します（次ページ 図2 ）。

POINT

そのため、 図1 のメニュー画面にはヘッダーもフッターもない作りとなっています。

図1 ページの完成形

Lesson 4 デザイナー視点で使う

155

図2 メニューのリンクを作成

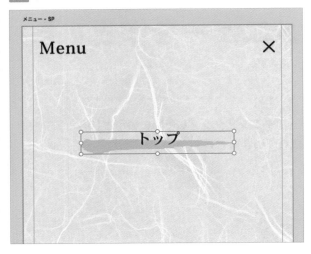

　リピートグリッドにして4つ複製し、テキスト部分に「素材データの「text/Menu.txt」をドラッグ＆ドロップすることで、メニューのリンクテキストの変更を一括で反映させます。

お問い合わせボタンを配置

　スタイルガイドから「Button2」をコピーして配置します。
　配置した時点ではテキストが「TOP画面に戻る」となっていますので、インスタンスをダブルクリックし、テキスト部分を「お問い合わせ」に変更します。ホバーステート時のテキストを変更するのも忘れないようにしましょう。
　最後に、デスクトッププレビューで確認して完成です。

> **memo**
> スタイルガイドから持ってきたほかのボタンの文字を変更する際は、ホバーステート時のテキスト変更も忘れずにしておきましょう。

Lesson 4
07
120 min

商品一覧ページを作成する

THEME テーマ 各カテゴリーのお弁当がすべて表示されるページである、商品一覧ページを作成します。基本的な作りはトップページと共通していますので、コンポーネントを用いて作成していきます。

基本設定

本節では、商品一覧ページを作成します。まずは完成形を確認しましょう **図1**。

トップページと同様に、アートボードを用意し、スタイルガイドから「Background1」をアートボードに配置します。

キービジュアルの画像を配置

商品一覧ページのキービジュアルは、画面幅いっぱいで高さはやや低いサイズの画像となります。

「画像パターン」の中から、幅「375」、高さ「170」の「一覧のキービジュアル」をアートボード最上部に配置しましょう。

その上に、素材データの「photo/SP/List_KV.png」をドラッグ＆ドロップして配置します。

画像にぼかし表現を適用する

キービジュアルをぼかしてみましょう。

この画像サイズと同じサイズの、幅「375」、高さ「170」の長方形を作成し、キービジュアルの同じ位置に配置します。

画面右側の「プロパティインスペクター」内の「効果」パネルにある「背景のぼかし」にチェックを入れます。

値は上から「ぼかしの量（強さ）」「ぼかしの明るさ」「効果の不透明度」を指していて、今回は明るさを落としたぼかしを設定します（次ページ **図2**）。

● ぼかしの値：2, -15, 0

図1 ページの完成形

図2 キービジュアルにぼかしを設定

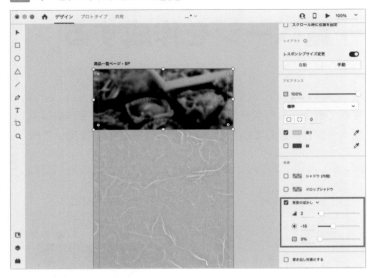

キービジュアルにキャッチコピーを設定

　キャッチコピーのテキストを入力します。素材データの「text/TopPage.txt」から、テキストをペーストしてください。文字スタイルは「Catchcopy」を選択し、テキストにドロップシャドウを加えます。

　　● ドロップシャドウ：X 0, Y 0, B 4

ヘッダーを配置

　ヘッダーをアートボードに配置します。

　ドキュメントアセットのコンポーネントや、スタイルガイドからペーストしてもよいのですが、トップページのヘッダーをコピーして、商品一覧のアートボードに貼りつける方法でも構いません。

　ほかのアートボードからコピーして貼りつけた場合、コピー元のアートボードでの位置と同じ位置に配置されます。

見出しを作成

　見出しの毛筆の線を追加するために、スタイルガイドから「Heading1」をコピーしてアートボードに配置します。このとき、アートボードの中央になるように整列ツール❷を使うとよいでしょう。

　テキストを「お弁当一覧」と入力して、文字スタイルの「Heading1」を反映します。こちらもアートボードの中央にします。

65ページ　**Lesson3-04**参照。

商品の一覧を作成

　トップページで作成した「お弁当リスト」をコピー＆ペーストします。トップページでは4つのお弁当ですが、商品一覧ページでは8つとしたいので、下にあるリピートグリッドのハンドルを操作して調整しましょう。

ページネーションを配置

　ページネーションを追加するために、ドキュメントアセットのコンポーネント、またはスタイルガイドから「Pagenation」をコピーしてアートボードに配置します 図3 。

図3　ページネーションのコンポーネントを配置

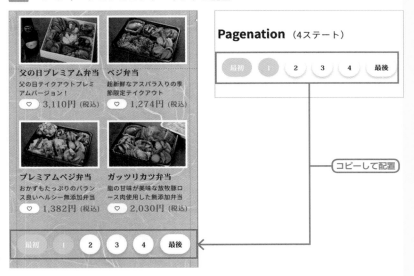

フッターと一番上に戻るボタンを配置

　フッターもトップページと同様に、スタイルガイドからコピーし、アートボード最下部に配置します。
　「上に戻るボタン」はトップページと同じ配置にしたいので、トップページのものをコピーして商品一覧のアートボードに貼りつけます。
　「スクロール時に位置を固定」のチェックが入っていることを確認します。
　それから、ヘッダーを選択し、右クリックのメニューから「最前面へ」を選ぶか、レイヤーパネルを調整してヘッダーを最前面にします。
　デスクトッププレビューで確認して完成となります。

Lesson 4 08

120 min

商品詳細ページを作成する

THEME テーマ

お弁当の詳しい説明をしているページの、商品詳細のページを作成します。情報や素材を配置して作成していきましょう。また、XDで3D表現を作成できる機能も解説していきます。

基本設定

本節は、それぞれのお弁当の詳しい説明となる商品詳細ページを作成します。まずは完成形を確認しましょう 図1 。

アートボードを用意し、スタイルガイドから「Background1」をアートボードに配置します。

キービジュアル、お気に入りボタンを配置

商品詳細ページのキービジュアル用の画像パターンを配置し、その上に写真データの「photo/SP/ObentoA_KV.png」をドラッグ＆ドロップして配置します。

お気に入りボタン（大）はスタイルガイドの「ButtonLike2」の名前で登録していますので、そちらをコピーしてアートボードに配置します 図2 。

また、ヘッダーをアートボードの最上部に配置し、重ね順も最上部としましょう。

図2 お気に入りボタン（大）のコンポーネントを配置

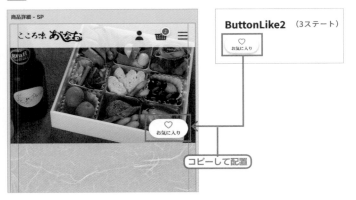

図1 商品詳細ページの完成形

商品情報のエリアを作成

商品情報の範囲は、ほかと区別するために白い背景を設定します。
長方形を配置して、塗りを白（#FFFFFF）、不透明度を30％にします。
その上に商品情報の各種テキストを入力します。素材データの「text/InfoPage.txt」からコピーして、テキストを配置しましょう。
スタイルガイドから「Button1」を配置し、テキストは「この商品を購入する」に変更します。

商品の詳細を作成

「このお弁当のこだわり」という見出しを作成します。
毛筆の線の素材を、スタイルガイドから「Heading」を配置し、見出しのテキストを入力します。文字スタイルの「Heading1」を反映しましょう 図3 。

図3　商品詳細の見出しを作成

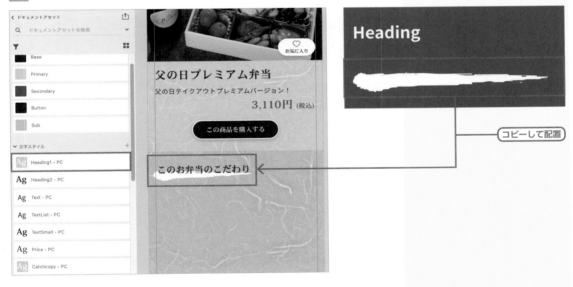

コピーして配置

商品詳細ページの詳細画像用の画像パターンを配置し、その上に素材データの「photo/SP/Info_img1.png」をドラッグ＆ドロップして配置します。
その下にはテキストの素材データの「text/InfoPage.txt」からコピーして、テキストを配置しましょう。
同様に2つ目の詳細画像とテキストも作成します。

161

詳細画像部分を作成

詳細画像の部分は、XDの機能である「3D変形」を使って、奥行きのある表現を実装します 図4 。

図4 詳細画像部分の完成形

　まず、毛筆の線の素材を配置し、その上に「詳細画像」という見出しを設定します。

　詳細画像の3枚を作成します。「商品のイメージ画像（3D）」の画像パターンを配置し、その上に素材データの「photo/SP/Info_slide1.png 〜 photo/SP/Info_slide3.png」をそれぞれドラッグ＆ドロップして、いったん任意の位置に配置します。これら3枚の画像は垂直方向を揃えておきますが、水平方向の配置に関しては3D変形をかけたあとに調整します。画像には、角丸を設定した上で、枠線とドロップシャドウとして、以下の設定を加えておきます。

- 枠線の色：#FFFFFF
- 枠線のサイズ：4
- ドロップシャドウ：X 0, Y 3, B 6

　3D変形を設定していきましょう。右側の「プロパティインスペクター」の変形パネル右上にある立方体アイコンをクリックし、3D変形をONにします 図5 。

図5 3D変形をON

Info_slide1.png（左の画像）は、重なっていることによってやや大きく見える表現をするため、Z座標の値を100にします。この大きくなった状態で、位置をガイドの左とくっつく位置にします 図6 。

図6 表示中の画像を3D変形で編集

Info_slide2.png（中の画像）とInfo_slide3.png（右の画像）はY回転の値を-30にします。これによって、フリップ状に角度がつきました。右の画像は、ガイドの右とくっつく位置にします 図7 。

図7 隠れているスライド画像を3D変形で編集

これらの3つの画像を選択し、「水平方向に分布」を設定します。これで、3Dの表現が実装できました。

フッターと上に戻るボタンを配置

最後に、フッター、上に戻るボタンを配置しましょう。
デスクトッププレビューで確認して、問題がなければ完成です。

Lesson 4

09

120 min

お問い合わせページを作成する

THEME テーマ　お問い合わせページ、内容を確認するモーダルウィンドウの表示画面、サンクスページをそれぞれ作成します。

お問い合わせページの基本設定

本節では、お問い合わせページを作成します。お問い合わせページと、確認画面、サンクスページの3ページ分を作成していきます。

まずは完成形を確認しましょう 図1 。

ほかのページと同様に、アートボードにガイド、背景を設置し、ヘッダーを配置していきます。

また、このページの見出し「お問い合わせ」を、毛筆素材の上に配置します。

お名前の入力フォーム

入力フォームのパーツを作成していきます。

まずは左のガイドに沿う位置に「お名前」と入力し、文字スタイルは「Heading2」を反映します。

同じく左のガイドの位置に長方形を作成します。これが、入力用のテキストフィールドとなります。

この長方形に、右側の「プロパティインスペクター」の「効果」パネルから「シャドウ（内側）」を加えます。

● シャドウ（内側）：X 0, Y 2, B 4

色を薄いグレーにしたプレースホルダーテキストとして「お名前を入力」と設定します 図2 。

図1 ページの完成形

図2 入力フォームを作成してプレースホルダーを挿入

　完成したら「フォームタイトル」「テキストフィールド」「プレースホルダーテキスト」の3つを選択し、グループ化します。

ほかの入力フォーム

　ヨミガナ、メールアドレス、お問い合わせの種類、お問い合わせ内容、プライバシーポリシーに同意のチェックボックスをそれぞれ作成します**図3**。

　メールアドレスが長いユーザーもいるので、お名前よりも横長にします。メールアドレスの下には、お問い合わせの種類となる「Select」をスタイルガイドからコピーして配置します。お問い合わせ内容は長文のテキストを入力させるため、縦長に作っておきましょう。その下には、プライバシーポリシーに同意する部分の「CheckBox」をコピーして配置します。

図3 フォーム用のコンポーネントを配置した様子

アートボード領域を広げて、ドキュメントアセットのコンポーネント、またはスタイルガイドからButton2をコピーして配置します。

コピーしたインスタンスをダブルクリックし、テキストを「送信内容の確認」に変更します。

フッターを配置して、このページは完成となります。

お問い合わせ内容確認の基本設定

続いては、お問い合わせ内容を確認する**モーダルウィンドウ**を作成します。まずは完成形を確認しましょう **図4**。

アートボードを設定しますが、ヘッダーやフッターなどはこの画面には配置しません。

お問い合わせの入力確認画面は、モーダルウィンドウのような黒い背景が少し透過した表現をさせたいので、アートボードを選択してアピアランスの塗りを黒（#000000）にして不透明度を80%にします。

このように設定しておくことで、プロトタイプモードでオーバーレイの設定をした際に、重ねた下のアートボードが少し透けて見えるようになります。

閉じるボタンの作成

モーダルウィンドウを閉じるためのボタンを作成します。

長方形オブジェクトを作成し、右側のプロパティインスペクターの「アピアランス」パネルから「各角丸に異なる半径を使用」を選択し、値を以下のようにします。

● 各角丸に異なる半径の値：30, 0, 0, 30

「×」ボタンは、スタイルガイドの「IconClose」として登録されていますので、そちらをコピーして配置します。

モーダルウィンドウ部分を作成

縦長の長方形を作成し、これをモーダルウィンドウが表示される背景とします。

角のラウンドは10にしておきましょう。

見出しのテキストを「こちらの内容で送信してもよろしいですか？」と入力し、文字スタイルは「Heading1」を適用します。

見出しの下に、入力確認の内容を表示する枠を作成し、「お名前」などの見出しとそれに対応する「入力内容」をそれぞれ配置します。

Lesson3-08 でも作成しましたが、入力内容を一定のエリアの中だけでスクロール表示させるようにします **図5**。

プロパティインスペクター内にある「変形」パネルの「垂直方向のスクロール」を有効にします。

WORD モーダルウィンドウ

元の画面の上に表示され、ユーザーに何らかの操作を要求する画面のこと。ユーザーができることを限定することで、次にしてほしい操作を促す役割があります。

97ページ **Lesson3-08**参照。

表示エリアとなる青い点線とバーが上下に表示されるので、デスクトッププレビューで確認しながら調整してみましょう。

図4 モーダルウィンドウの完成形

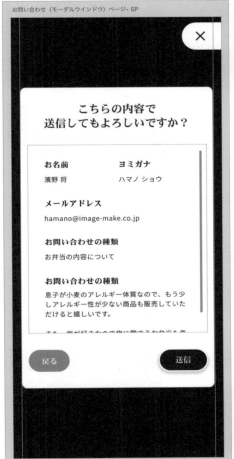

図5 入力内容を一定のエリアの中だけでスクロール表示させる

ボタンを配置する

スタイルガイドからグレーの「ButtonBack」と、紫の「Button1」をコピーして配置します。

紫のボタンは「お弁当をもっと見る」から「送信」に変更します。

サンクスページを作成

　最後に、お問い合わせ完了のサンクスページを作ります。まずは完成形を確認しましょう 図6。

　ほかのページと同様に、アートボード、背景、ガイドをそれぞれ作成し、ヘッダーを配置しましょう。

サンクスページのキービジュアル画像を配置

　サンクスページのキービジュアル画像となる画像パターン配置し、その上に素材データの「photo/SP/Thanks.png」の画像をドラッグ＆ドロップして配置します。

　楕円形ツールで真円を作成し、中心にロゴを配置します。

テキスト、TOP画面に戻るボタンを配置

　テキスト素材データの「text/ThanksPage.txt」を開き、コピーしてペーストしていきましょう。

　見出しを入力し、文字スタイルの「Heading1」を反映します。

　メッセージはエリア内テキストで入力し、文字スタイルの「Text」を反映します。

　その下には、スタイルガイドから白背景の「Button2」をコピーし、配置します。

フッターとページ上部へ戻るボタンを配置

　最後に、フッターを配置します。

　デスクトッププレビューで確認し、問題がなければすべて完成です。

図6　サンクスページ

PC用デザインを作成する

> **THEME テーマ** 本節では、ここまで作ってきたスマートフォン用のデザインを元にして、PC用デザインに調整するための方法を学んでいきます。

スマートフォンからPCに

さまざまなスマートフォン・タブレットPC・パソコンなど、どんな画面幅でも崩れないようにCSSを調整したWebサイトのデザインを、レスポンシブWebデザインといいます。

XDで制作するデザインも、このレスポンシブデザインを想定した作りをしておくことが重要です。

スマートフォン用の画面幅から、幅を広げていった際にどのような挙動になるのか、という点を、開発側は考慮に入れておかなければなりません。

XDでは「レスポンシブサイズ変更」の機能を使って、レスポンシブWebデザインに近い表示を再現してレイアウトを設計することができます。

レスポンシブサイズ変更の種類

レスポンシブサイズ変更には、「自動」と「手動」の2種類があります。

「自動」の場合、アートボードやグループのサイズ調整をした際に、自動で判別されて内側の要素が変更されます。

手動の場合、画面幅に対して固定するか、要素そのものの幅や高さを固定することができます。

手動で設定できる固定については、以下のようなものがあります（次ページ 図1 ）。

- 位置を固定（上下左右）
- 幅を固定
- 高さを固定

WORD　CSS

カスケーディングスタイルシートのことで、Webサイトの「見た目」部分を制御する技術のこと。フロントエンドエンジニアや、Webコーダーと呼ばれる人が、HTMLと組み合わせて実装します。

! POINT

例えば、SP用デザインのトップページでは画像が横2列となっていますが、3列が入るだけの端末で見たときに、3列のレイアウトにするのか、それとも2列のままで画像の幅が広がっていくようになるのか、などを考慮する必要があります。エンジニアやディレクターと協議しておく必要があるでしょう。

図1 レスポンシブリサイズの設定機能

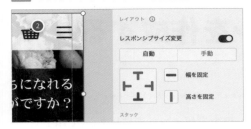

PC用デザインの大枠を作成

前節で作成したスマートフォンサイト（以降SP）を調整することで、パソコンサイト（以降PC）のデザインカンプを作成してみましょう。完成形は以下のとおりです 図2 。

図2 PC版完成イメージ

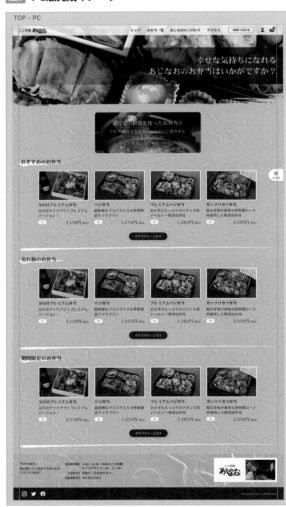

まず、SP用トップページのアートボードをまるごと選択してコピーし、複製しましょう。複製先の場所は、SP用の画面の付近ではなく、新しく「PCデザインカンプのエリア」として少し離した場所に移動させます 図3 。

この複製したSP用のデザインを、レスポンシブサイズ変更を使って横に広げていきます。

実際にサイズを広げていく前に、縦方向に適用されているリピートグリッド、お弁当リストに適用されているリピートグリッドをそれぞれ解除します。また、「お弁当のリスト」のグループを1つだけ残して、それ以外は削除しておきます 図4 。

図3　アートボードをまるごと複製

option［Alt］＋ドラッグしてコピー

図4　お弁当1つ以外は削除

アートボードを選択して、プロパティインスペクター内のレイアウトにある ! レスポンシブサイズ変更をONにし、幅を1280まで広げます。

レスポンシブサイズ変更の効果で、毛筆素材の区切り線は横に広がり、「お弁当をもっと見る」ボタンは中央の配置となります。

また、ヘッダーの左側のロゴと右側のアイコン類の関係を確認してみましょう。ロゴは左からの位置が変わらず、アイコン類は右からの位置が変わらずに広がったことになります。

レスポンシブサイズ変更を使わない場合、アイコン類の「左からの位置」が変わらずに広がってしまうことになるので、このような変更をしたい場合に最適な方法となります。

ヘッダーとフッターをPC用のものに差し替える

レスポンシブサイズ変更によって、ヘッダーやフッターはその恩恵を受けやすいことがわかりましたが、今回はPC用ヘッダー、フッターがス

! POINT

アートボードは、初期状態ではレスポンシブサイズ変更がOFFになっています。

タイルガイドにて作成済みですので、そちらを使用しましょう。

SP用のヘッダー、フッターを削除し、PC用のヘッダーとフッターに置き換えます。

また、SP用のデザインを作成した際に設定したガイドを、PC用の位置に調整します。左から30、右から30となるよう移動しましょう。

キービジュアルとイメージ画像部分を調整する

続いては、キービジュアルやイメージ画像部分を調整します。

キービジュアル、イメージ画像ともに横長に伸びてしまっていて、このままだと十分な解像度にならないため、一度消しておきましょう。

スタイルガイドの「PC画像サイズ」からキービジュアル用の画像パターン、イメージ画像用の画像パターンをそれぞれ配置し、キービジュアルの素材データ「photo/PC/TOP_KV.png」、イメージ画像の素材データ「photo/PC/TOP_img.png」を画像パターンの要素の上にそれぞれドラッグ・アンド・ドロップで配置します。

また、帯状の背景、キャッチコピーなどはSPデザインのときと同様に設定していきましょう。サイズ、文字スタイル、余白等は完成サンプルデザインも参考にしながら進めてみてください 図5 。

> **memo**
> 追加した画像よりもヘッダーが上に配置されるよう、重ね順を調整します。

図5 **キービジュアルや画像のサイズや配置、間隔を調整**

商品一覧を調整する

続いては、各セクションの商品一覧を調整します。

1つだけ残した「お弁当リスト」を調整し、それをリピートグリッドで複製することにします。

お弁当の写真はSPよりも一回り大きい、幅240、高さ150のサイズとなります。

試しに、「お弁当リスト」を単純にバウンディングボックスで広げると、次のような表示になってしまいます 図6 。

図6 **商品名の上下などに余白が多くできてしまう**

SP版のサイズ

これを上手に解決するため、お弁当リストに縦方向の ❗「スタック」を設定してみる方法をとります。

スタックを設定したことによって縦に広げることはできなくなりますが、そのかわり画像のサイズを調整したときに下の余白を保ったまま変更できます。幅に関しては影響を受けないので、「お弁当リスト」の幅は240、お弁当画像の高さを150とすると、目的のサイズとなります。

画像とお弁当名などの間の、縦方向の余白を調整したい場合は、余白部分にマウスを乗せるとマゼンタで余白が表示されますので、ドラッグで変更が可能です。

各テキストにPC用の文字スタイルを反映させ、リピートグリッドで横に4列のレイアウトになるよう広げましょう 図7 。

図7 4列のレイアウトになるよう広げた様子

また、「おすすめのお弁当」以外の「売れ筋のお弁当」、「期間限定のお弁当」の3段組となるようにリピートグリッドで複製しましょう。

最後にデスクトッププレビューで全体像を確認し、問題がなければ完成となります。

ほかのPC用デザインを作成してみよう

ここまで学んだことを活かして、トップページ以外のPC用ページを作成してみましょう。

完成サンプルデザインを参考にしながら作成してみてください。

- 商品一覧ページ
- 商品詳細ページ
- お問い合わせページ
- お問い合わせ（モーダルウィンドウ）画面
- サンクスページ

❗ POINT

スタックはグループに適用できます。スタックが適用できない場合はグループ化されているかどうかを確認しましょう。

Lesson 4
11

デザインカンプから
プロトタイプを設定

THEME テーマ
ここまでに作成したデザインカンプにプロトタイプ設定をしていきます。デザインからのプロトタイプは、より実際のWebサイトに近いものとなるため、操作感の検証やクライアントへの共有などの目的で用意することになります。

メインコンポーネントを使ったプロトタイプ設定

まずは、共通して使うヘッダーやフッターのメインコンポーネントにプロトタイプ設定をしていきましょう。

ヘッダーやフッターに遷移先を設定することで、インスタンスにも共通した遷移先が反映されるので、別途設定する必要がなくなります。

まずはじめに、「Headerのロゴ」がタップされたら「トップページ」のアートボードに遷移するように設定しましょう。

プロトタイプモードに切り替えて「Headerのロゴ」を選択して移動先を「トップページ」にします 図1 。

図1 Headerのロゴがタップされたときの設定

次に、「×」がタップされたら「ひとつ前のアートボードに戻る」を設定します 図2 。

図2　×がタップされたときの設定

「ハンバーガーアイコン」がタップされたら「メニュー」のアートボードに遷移するように設定します 図3 。

図3　ハンバーガーアイコンがタップされたときの設定

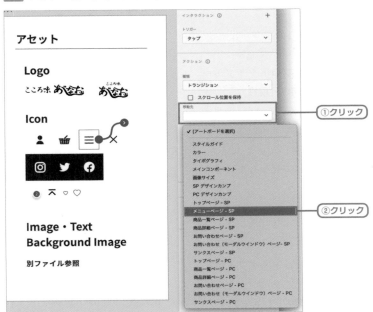

「フッターのロゴ」がタップされたら「トップページ」のアートボードに遷移するように設定します 図4 。

図4 フッターのロゴがタップされたときの設定

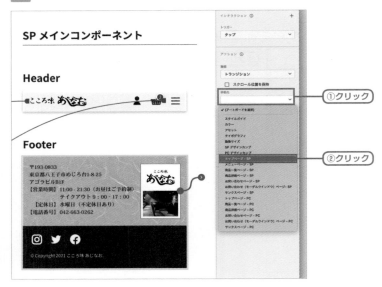

　このようにメインコンポーネントで遷移先を設定すると、インスタンスも同じように設定できるので、ヘッダーやフッターなどの共通して使用されるパーツは、メインコンポーネント経由で設定しましょう。

　ただし、ページ内リンクをさせるような「一番上に戻るボタン」は、アートボードごとに設定する必要があるので注意しましょう。

要素をコピーする際の注意点

　デザインモードでコピー&ペーストをしてしまうとプロトタイプモードで設定した遷移先の設定は消えてしまいます（2021年7月現在）。

　それを回避するためには、プロトタイプモードの状態でコピー&ペーストをする必要があります。ただし、ページ内リンクやメインコンポーネントでプロトタイプ設定を行っている場合は別です。

　既にプロトタイプを設定し終えた状態を別の箇所にコピーしたい場合は、必ずプロトタイプモードにしてから実行しましょう。

各種プロトタイプ設定

　これまでに作成したデザインカンプの各ページにプロトタイプを設定していきます。

　基本的な操作はLesson3-11（108ページ〜）でも解説していますので、そちらを参照してください。

トップページのプロトタイプ設定

まずはじめに、🎯ホーム設定をしていきます。ホーム設定を行うことで、アクセスしたときに表示されるアートボードを指定することができます。

トップページのアートボードを選択し、左にある家のアイコンをクリックすると最初に表示されるアートボードとして設定できます。

また、設定したときに表示される「フロー名」をダブルクリックで変更することができます。フロー名を変更すると、共有した際のページタイトルとして設定されます。ここでは、スマートフォンの略称である「SP」と入力しましょう 図5 。

POINT

ホーム設定は複数設定できるので、本書で解説しているようなスマートフォン版のホーム・PC版のホームなど一つのファイル内に複数の端末サイズを作成する場合、各サイズに合わせたトップページにそれぞれホーム設定をすることで、共有リンクを別々に発行することができます。

図5 プロトタイプモードのホーム設定

「上に戻るボタン」がタップされたら種類を「スクロール先」にして「Header」に移動するように設定します 図6 。

図6 上に戻るボタンがタップされたら同じアートボードにあるヘッダーに遷移させる設定

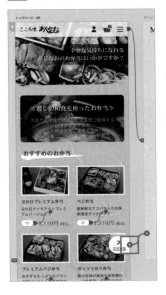

memo

種類を「スクロール先」にすることでY-オフセットが設定できるようになり、値を調整することでオブジェクトがある位置よりも上や下の位置に移動させることもできます。

「父の日プレミアム弁当の写真」がタップされたら「商品詳細」のアートボードに遷移するように設定します 図7 。

図7 商品の写真がタップされたら商品詳細に遷移させる設定

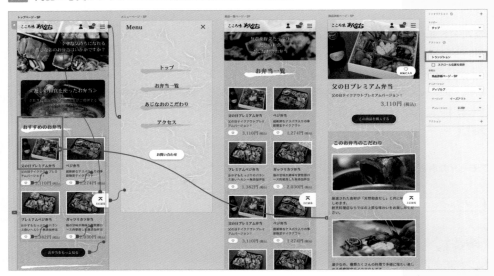

「お弁当をもっと見る」がタップされたら「商品一覧」のアートボードに遷移するように設定します 図8 。

図8 お弁当をもっと見るボタンがタップされたら商品一覧に遷移させる設定

マウスカーソルが乗ったときに変化するホバー時のプロトタイプ設定もしないと、ホバー時に遷移ができなくなってしまうので、ホバー時のプロトタイプ設定も忘れずに設定しましょう 図9 。

図9 ホバー時のプロトタイプ設定

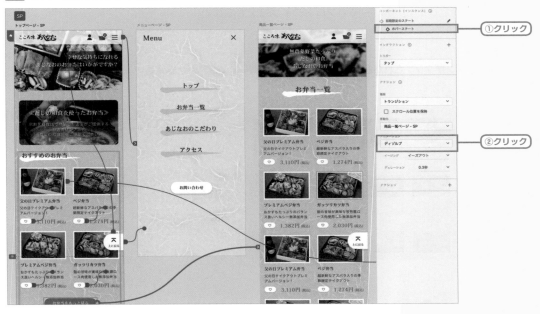

スライドメニューのプロトタイプ設定

メニュー内のリンク設定をしてみましょう図10。

- 「トップ」がタップされたら「トップページ」へ遷移
- 「お弁当一覧」がタップされたら「商品一覧」へ遷移

図10 各メニューから遷移させる設定

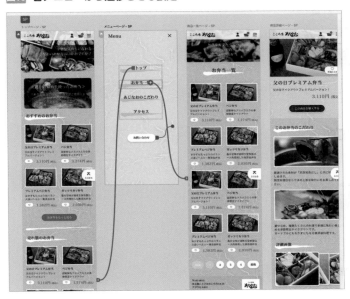

「お問い合わせボタン」がタップされたら「お問い合わせ」のアートボードへ遷移するように設定します。ホバー時のプロトタイプ設定も忘れずに設定しましょう図11。

図11 お問い合わせボタンがタップされたらお問い合わせのアートボードに遷移させる設定

商品一覧ページのプロトタイプ設定

商品一覧のリンク設定をしてみましょう図12。

- 「父の日プレミアム弁当のグループ」がタップされたら「商品詳細」のアートボードに遷移するように設定
- 「上に戻るボタン」がタップされたら、「同じアートボードにあるヘッダー」に移動するように設定

図12 商品一覧のリンク設定

商品詳細ページのプロトタイプ設定

　ここでは3D機能のアニメーションについて解説します。

　まず、商品詳細ページ内の詳細画像にある3枚の画像を3Dアニメーションさせるための準備をしていきます。

　「上に戻るボタン」がタップされたら「同じアートボードにあるヘッダー」に移動する設定を行い、商品詳細のアートボードを複製します図13。

図13 商品のアートボードを複製

　デザインモードに切り替えて、プロパティインスペクターの変形にある3D変形をONにします。「複製したアートボード」にある「3Dオブジェクトの値」を以下の値に変更します図14。

- Detail_slide1（左の画像）オブジェクトの値：Z軸を0 Y軸を30
- Detail_slide2（中の画像）オブジェクトの値：Z軸を100 X軸を0

図14 3D変形の値を変更

プロトタイプモードに切り替えて、「商品詳細ページ - SP」にあるアートボードのDetail_slide2（中の画像）のオブジェクトがタップされたら、コピーした「商品詳細ページ - SP - 1」のアートボードへ「自動アニメーション」で遷移するように設定すると、3Dアニメーションの動きを表現できます➡。

また、コピーした「商品詳細ページ - SP - 1」のアートボードのDetail_slide1（左の画像）のオブジェクトがタップされたら、自動アニメーションで「商品詳細」へ遷移するように設定すると、2つのアートボードを行き来させることができます図15。

➡ 182ページ **Lesson4-12**参照。

図15 **自動アニメーションでプロトタイプ設定**

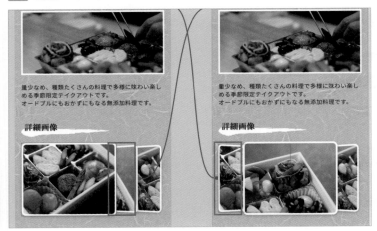

3D機能でアニメーション設定する際の注意点

コンポーネント化すると3D変形が解除され、オブジェクトを3D変形させることができません（2021年7月現在）。

3D機能を使うアニメーションをする場合は、アートボード経由で動かす必要があるので、3D機能を使用する枚数分のアートボードが必要になります。

今回のケースであれば詳細画像が3枚なので、本来であれば3つのアートボード分が必要ですが、本書では2つのアートボードで設定方法を説明しました。

お問い合わせページのプロトタイプ設定

「送信内容の確認」ボタンがタップされたらモーダルウィンドウが立ち上がるようにするので、「お問い合わせ（モーダルウィンドウ）」に遷移を設定したあと、種類を「オーバーレイ」に変更します。

ここでもホバー時のプロトタイプ設定も忘れずに設定しましょう図16。

memo
アートボード上に表示された緑色の枠線は、オーバーレイで表示される位置を示しています。

図16 確認ボタンがタップされたらモーダルウィンドウが立ち上がるように設定

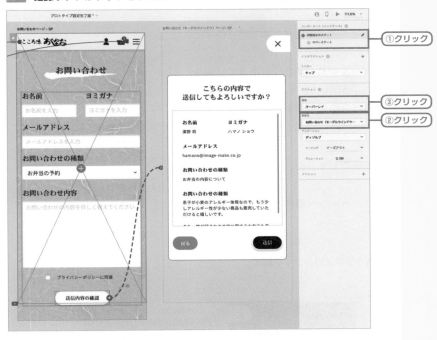

　オーバーレイを設定すると、背景が透過されてしまう状態になってしまうので、デザインモードに戻って「お問い合わせ（モーダルウィンドウ）」のアートボードを選択し、プロパティインスペクター内にあるアピアランスの塗りにチェックを入れましょう**図17**。

図17 オーバーレイの設定で消えてしまった背景の塗りを元に戻す

モーダルウィンドウのプロトタイプ設定

　プロトタイプモードに戻り、モーダルウィンドウのプロトタイプ設定をしてみましょう。

　このとき、直前にオーバーレイで設定していたため、プロトタイプ設定がオーバーレイのままになっています。種類を「トランジション」に変更しておきましょう。また、ここでもホバー時のプロトタイプ設定を忘れずに行いましょう図18。

- 「戻るボタン」が押されたら「お問い合わせ」のアートボードへ遷移するように設定
- 「送信ボタン」が押されたらサンクスページへ遷移へ遷移するように設定

図18　**お問い合わせ（モーダルウィンドウ）ページのプロトタイプ設定**

サンクスページのプロトタイプ設定

　「TOP画面に戻る」がタップされたらトップページへ遷移するように設定します。

　ホバー時のプロトタイプ設定も忘れずに行いましょう図19。

図19　トップページのアートボードへ遷移するように設定

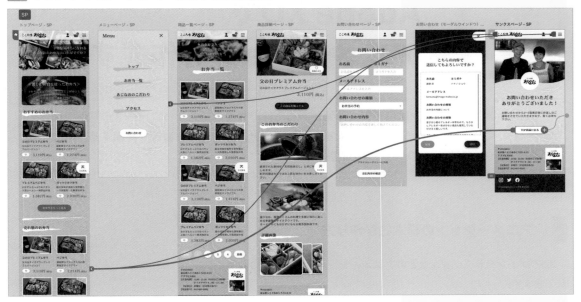

　一通り設定が完了したら、デスクトッププレビューやXDのモバイルアプリケーションで確認してみましょう。

memo

スマートフォンのプロトタイプを参考に、PC用のデザインカンプにもプロトタイプ設定をしてみましょう。

Lesson 4
12
120 min

Adobe XDで
アニメーションを作成する

THEME
テーマ

アニメーションは目を引く効果があるだけでなく、インターフェースの理解を助けてくれる一つの手段にもなります。ここではアニメーション表現を実装するための基本や、失敗しやすい点について解説します。

アニメーションの基本的な作り方

XDではインタラクションなどのアニメーション設定を簡単に行うことができます。

始点と終点のアートボードにオブジェクトをそれぞれ配置してプロトタイプ設定するだけで作成できます。

まずは、基本的な作成方法を学ぶために、タップされたら円が上下に動くアニメーションを作成してみます。

アートボードに楕円形ツールでShiftキーを押しながら真円を作成します 図1。

アートボードを複製して円の位置や大きさを変更します 図2。

図1 真円を作成

図2 アートボードを複製して円の位置と大きさを変更

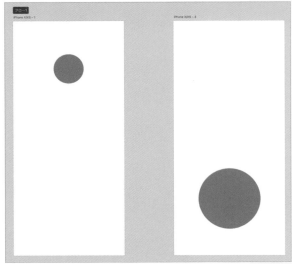

プロトタイプモードにして2つのアートボードに遷移先の設定をして、アクションを「自動アニメーション」にします 図3。

図3 自動アニメーションで2つのアートボードに遷移先の設定

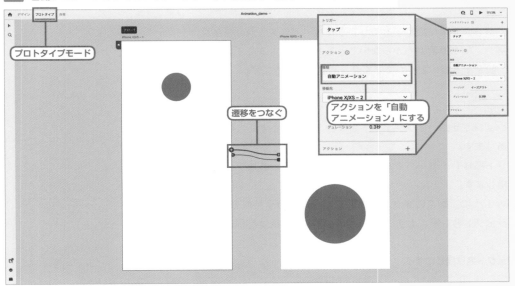

アニメーションの加速度を設定したい場合は「イージング」、時間を設定したい場合は「❗️デュレーション」で設定します。ここでは、イージングは「バウンス」・デュレーションは「1秒」にします 図4。

図4 アニメーションの設定

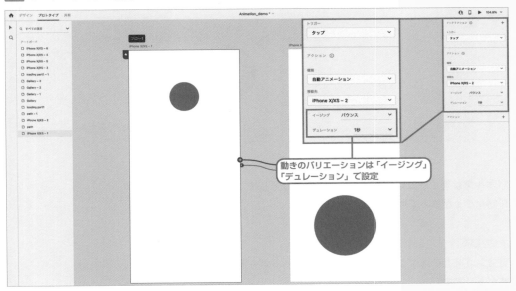

　試しにどのような動きをするかデスクトッププレビューで確認してみましょう。

　プレビューをすると、円が1秒かけて最後にバウンドするようなアニメーションになります。

アニメーションの設定をする際によく躓く点

アニメーションが簡単に設定できてしまうため、アニメーションが反映されない場合、何が原因かわからないこともあります。ここでは、アニメーション設定する際によくつまずく点も解説していきます。

オブジェクト名

アニメーションさせたいオブジェクト名は各アートボードごとに合わせる必要があります。

オブジェクト名はレイヤーパネルを開くと表示される、各オブジェクトの名前を指します。

例えば図のように、始点のオブジェクト名が「a」という名前の場合、終点のオブジェクト名も同じように「a」にする必要があります 図5 。

図5 **オブジェクト名は同じにする**

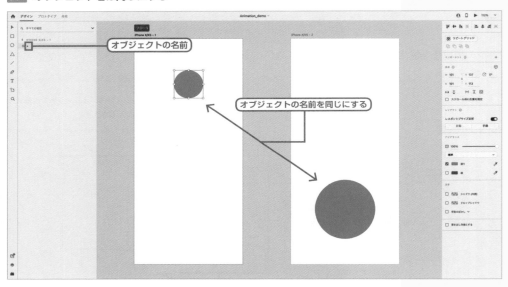

レイヤーパネルを整理する際に、名前を誤って変更してしまうとアニメーションが効かなくなるので注意してください。

オブジェクトの種類

アニメーションさせたいオブジェクトの種類も各アートボードごとに合わせる必要があります。

オブジェクトをダブルクリックして、パスをクリックするとパス上にポイントを追加することができます。

例えば図のように、デザインカンプを作成していて誤ってオブジェクトをダブルクリックしてしまい、パス上にアンカーポイントを追加してしまったとします。

そうすると、そのオブジェクトは「楕円形ツールで作成したオブジェクト」ではなく、「パスツールで作成したオブジェクト」に変わってしまい、見た目は変わらなくても種類が違うオブジェクトに変わってしまっています 図6 。

図6　アンカーポイントを誤って追加してしまった場合

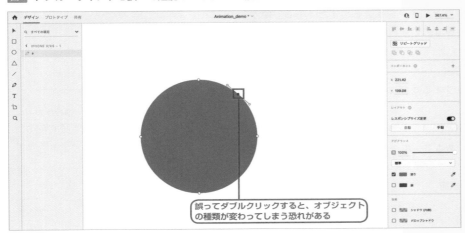

オブジェクト名と同じように、オブジェクトの種類も同じ種類にしないとアニメーションが効かなくなるので注意してください。

レイヤーの並び順

並び順がバラバラだと最初や最後のフレームが表示されたときに意図した動きにならないこともあります。例えば図のように、各アートボードのレイヤーを整理する際に順番を誤って変えてしまうとアニメーションの最後で要素の順番が入れ替わってしまう場合があります 図7 。

図7　互いのアートボード内のレイヤー順も同じにする

アニメーションをする際は、レイヤーの順番も同じにする必要があるので注意してください。回避する方法としては、アニメーションをするオブジェクトはグループ化してから設定するのがおすすめです。

ステート機能を使ったアニメーションの設定方法

アートボードごとにアニメーションを設定する方法を解説しましたが、ほかにもLesson4-04で解説したステートという機能を使って、ステートごとにアニメーションをさせる便利な機能もあります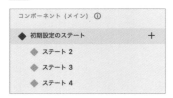。

ON・OFFのスイッチや、ボタンにマウスカーソルをホバーすると色が変化するといったようなアニメーションをさせたい場面で使うと、コンポーネント単体でも使えるので便利です。

138ページ　**Lesson4-04**参照。

ステート機能の設定方法

練習として、クリックするたびにボタンの色が切り替わるスイッチを作ってみます。

ボタンを作成したあとにメインコンポーネントを選択し、プロパティインスペクターの中にあるコンポーネントの「+」をクリックします 図8 。

> **memo**
> メインコンポーネントから行わないと、ステートの追加や削除ができません。

図8 **コンポーネントの追加**

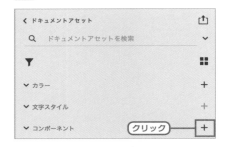

ボタンがクリックされたらボタンの色が変わるコンポーネントを作成してみましょう。ボタンはクリックするたびに4段階で「1:白色」→「2:青色」→「3:黄色」→「4:赤色」と切り替わるように設定します。

長方形ツールで長方形オブジェクトを作成し、テキストツールで「ボタン」と入力します。

ボタンを作成後、新規ステートを4つ作成します 図9 。

図9 **ステートを4つ作成**

ステート4

マウスカーソルのホバーでアニメーションをしたい場合は「ホバーステート」、クリックでON・OFFを切り替えたい場合は「トグルステート」、それ以外のアニメーションをさせたい場合や、複数の階層があるアニ

> **memo**
> ホバーステートとトグルステートは、1つのコンポーネントに1つのみ設定できます。

メーションをさせたい場合は「新規ステート」を選択します図10。

図10 ステート3種類

　アニメーションしたあとの状態を新しく作った各ステートで設定します。

　ボタンの塗りをそれぞれのステートで以下のように設定してみましょう図11。

● 初期設定のステート：白色の背景
● ステート2：青色の背景
● ステート3：黄色の背景・白色のテキスト
● ステート4：赤色の背景・白色のテキスト

図11 各種ステートごとに塗りを設定

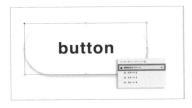

　プロトタイプモードで遷移先を設定します。遷移先は以下のように設定します図12。

● 初期設定のステートの遷移先：ステート2
● ステート2の遷移先：ステート3
● ステート3の遷移先：ステート4
● ステート4の遷移先：初期設定のステート

図12 ステートごとに遷移先を設定

　デスクトッププレビューでクリックしてみてボタンが変化するか確認
してみましょう**図13**。

図13 デスクトッププレビューで確認

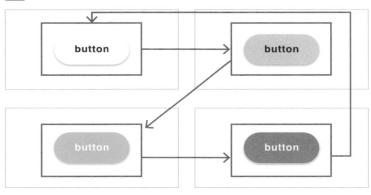

　ボタンやスイッチのようなパーツ単体でアニメーションをさせたいと
きは、アートボード間でアニメーションを作るのではなく、ステート機
能を使ってアニメーションさせましょう。

エンジニアに再現できるかを事前確認する

　アニメーションを実現できるかを確認するために、アニメーション制
作は誰がするのかを確認しておきましょう。理由としては、制作する際
は事前にエンジニアのスキルセットや残工数などを加味して、再現でき
るかを相談する必要があるためです。デスクトッププレビューで制作担
当に見せ、「そのアニメーションが再現できるか?」を聞いてみてくださ
い。

　細かい動きの指定などがあれば、共有モードの開発で発行したURL内
に注釈を残しておくと認識の齟齬がなくなりやすくなります。

Photoshop・Illustratorとの連携

THEME テーマ　制作の現場では、PhotoshopやIllustratorと、XDを組み合わせてWebサイトを作成していきます。それらのデータをシームレスに共有、一元管理ができるCreative Cloud ライブラリ(以下CCライブラリ)という機能について解説します。

CCライブラリとは？

　CCライブラリとは、AdobeがCCユーザーに対して提供するクラウドの保存スペースです。CCライブラリが対応しているアプリ間で、CCライブラリパネルを通してカラー・グラフィックなどの素材をアセット(資産)として登録して、自由に取り出して利用することが可能です。

　2021年7月現在、Creative Cloudの無料メンバーシップであれば2GBまでのストレージ容量を使うことができます。

　個人利用のフォトプランでは基本20GBで、単体プランやコンプリートプランでは基本100GBまでのストレージ容量を使うことができます。

　また、フォトプランとコンプリートプランではオプションで10TBまでアップグレードすることができます。

CCライブラリを使うメリット

　Adobeユーザーであれば、CCライブラリを使うと以下のようなメリットがあります。

　ただし、 ✐ オンラインの環境であることが必須になります。

アプリケーション間で素材を共有・最新の状態にすることができる

　アセットの所有者がCCライブラリを利用することで、Adobeのアプリケーション間でアセットを共有して利用することが可能です。

　グラフィック・ベクターデータ・文字スタイル、カラーなどのアセットがCCライブラリでカテゴリーごとに管理でき、CCライブラリ内のアセットを更新するとすべてのリンク先に反映され、常に最新の情報を保つことができます。

　例えば、イメージ画像をPhotoshopで編集したものをCCライブラリを経由してXDの長方形オブジェクトに配置したとします。

　その後、クライアントから修正依頼された際、CCライブラリ内にあるアセットを立ち上げて修正することで、XDにも変更されたものが反映さ

> **! POINT**
> オフラインで作業した場合は、オンラインになったときに自動更新されます。

れるという流れで、**シームレス**な編集作業や管理を行うことができます
図1。

WORD シームレス

シームレス (seamless) とは「継ぎ目が
ない」という意味で、ユーザーが複数の
操作やシステムの切り替えをしなくて
も、スムーズに作業を行えることを指し
ます。

図1 ほかのアプリで制作したデザインをシームレスに反映

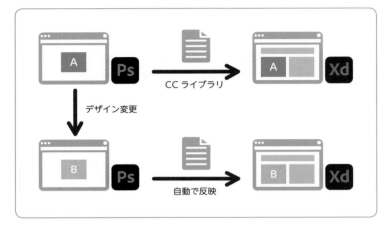

ユーザー同士の連携がスムーズになる

　デザインを分業スタイルで行う場合は、Adobeユーザー間でもファイ
ルなどをリアルタイムかつシームレスに共有・最新の状態にできます。
作業だけではなくファイルのやり取りをする必要がないので、コミュニ
ケーションコストを削減することができます。

　例えば、本書のようなディレクターとデザイナーで分業をしている場
合を想定したとします。

　ディレクターがデザイナーに画像の色調補正をお願いしました。デザ
イナーはPhotoshopで編集作業をしてCCライブラリを更新するだけで、
XDへ自動で共有され最新の状態になるので、ディレクターには更新した
ファイルを渡す必要がなく、更新した旨を伝えるだけで完了します 図2。

図2 デザインをリアルタイム反映で共有

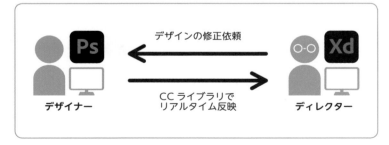

Adobe Stockを使うことでサンプルを使ってプロジェクトを進められる

　Adobeが画像提供をしているプラットフォームの「Adobe Stock」を利用することで、シームレスな運用はもちろんのこと、サンプル画像を使いつつデザインカンプを制作して進めることができるので、仕様が決まるまで無駄な手間費用をかけることなくプロジェクトを進められます。

　Adobe Stockを利用する際は必ずライセンスを取得してから利用するようにしてください。また、ライセンスを取得してもライセンスの種類によって使える制限が異なるので、こちらを確認してから利用するようにしましょう 図3 。

図3 Adobe Stock ライセンス情報

用途	通常ライセンス	強化ライセンス	拡張ライセンス
無制限の回数の Web 表示	✓	✓	✓
電子メールマーケティング、モバイル広告、ソーシャルメディア、放送番組でアセットを使用できます*	✓	✓	✓
アセットに変更を加える*	✓	✓	✓
アセットを最大 500,000 回コピーまたは表示	✓	✓	✓
アセットの 500,000 回以上のコピーまたは表示		✓	✓
商品、テンプレート、他の製品で再販を目的としてアセットを使用できます*			✓

https://stock.adobe.com/jp/license-terms

PhotoshopとIllustratorの連携方法

　ほかのアプリとXDと連携させる際、Photoshopで行う主な作業は画像の補正や加工などの編集・トリミング・レタッチ、Illustratorで行う主な作業はロゴやアイコンの作成などが挙げられます。

　ここでは、Photoshopで編集作業をした際の連携方法と、編集する際の流れを進めていきます。

　なお、この流れを行う際はオンライン環境で行ってください。

PhotoshopとXDの連携方法

　PhotoshopでCCライブラリパネルを開き、新規ライブラリを作成します。ライブラリ名は「XD連携」といった名前にしておきます（次ページ 図4 ）。

図4 新規ライブラリを作成

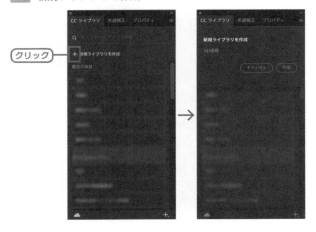

画像のレイヤーを選択後、CCライブラリのエレメントを追加（＋ボタ
ン）から「グラフィック」を選択して画像を登録します 図5 。

図5 ライブラリに画像を登録

XDでCCライブラリを開き、CCライブラリに登録した画像をXDのワイ
ヤーフレームにドラッグ＆ドロップで配置します 図6 。

図6 XDに画像を反映

これでXDに画像を配置できましたが、さらにこの画像をPhotoshopで編集してみましょう。Photoshopに戻り、 ライブラリに登録したグラフィックを右クリックのメニューから「編集」をクリックして編集します 図7 。

図7 ライブラリに登録した画像を編集する

色調などを画像修正します。ここではわかりやすいようにグレースケール（白黒）に編集をしてみます 図8 。

図8 画像をグレースケール（白黒）に編集

XDに戻って修正が反映されているかを確認します。このようにファイルの書き出しなどをしなくても自動で変更されるので、CCライブラリの連携を使うことで無駄な工数を省くことができます 図9 。

図9 XDで反映されているか確認

XDからPhotoshopへ直接編集する方法

XDに配置した画像からPhotoshopで編集する方法もあります。
画像の上で右クリックして「Photoshopで編集」をクリックします図10。

図10 Photoshopで編集

自動的にPhotoshopが立ち上がり、選択した画像が表示されます図11。

図11 選択した画像がPhotoshopに表示

表示された画像を編集後、上書き保存します（次ページ図12）。

図12 Photoshopで画像を編集して保存

XDに戻って修正が反映されているかを確認します図13。

図13 XDで反映されているか確認

注意点

　XDからPhotoshopを立ち上げて編集した際、Photoshopで編集したレイヤー構造などは、XDを閉じてしまうと再編集ができなくなるので注意してください。

　対処法としては、あらかじめCCライブラリ連携をさせておくことで再編集することができます。

　Photoshopで編集したファイルを保存しておいてもレイヤー構造は残りますが、XDを閉じた時点でPhotoshopと連携ができなくなります。

　XDからPhotoshop連携をする際は、加工頻度の少ない画像を編集する際に使うとよいでしょう。

エンジニア視点で
使う

設計、デザインを経て、いよいよコーディングの工程です。
XDで作ったデザイン、プロトタイプをWebページとして
公開するための最終作業になります。本章では、デザイナー
から渡されたデザインカンプを元に、どのようにコーディ
ングを進めるかについて解説します。

読む ＞ ワイヤー
フレーム ＞ デザイン ＞ コーディング ＞

Lesson 5

01

60 min

仕様やデザインの事前確認

THEME テーマ

デザインカンプを受け取ってすぐコーディングに取りかかるのは早計です。本節ではWebサイトの仕様やデザインについて、事前に確認しておきたいポイントを解説します。

なぜ事前確認が必要か

Webサイトのデザインと実装の過程では、考慮すべきポイントが多数あります。なぜなら、Webサイトを閲覧するあらゆるユーザーに対して、最適な情報の伝え方を設計、制作する必要があるためです。Webサイトは、もともとユーザーの操作によって表示や状態が動的に変わるというメディア特性を持っています。それに加え、近年はユーザーの環境がスマートフォン、タブレットをはじめ多様化している状況があります。

このような背景の中でWeb制作を分業する場合、Webサイトの仕様やデザインについてチーム間での相互理解、合意が非常に重要になってきます。認識の齟齬を抱えたまま制作を進めることだけに注力すると、どこかのフェーズに著しい作業負荷がかかったり、成果物の品質低下を招いたりといった問題が出る可能性が高まります。

もちろん「Webサイトの仕様」と一言にいっても、Webサイトが満たすべき要件や、目指すべきゴールによってその内容は大きく変わってきます。本書では最低限確認しておくべきポイントに絞って紹介します。

フォント

Webサイト内で使用するフォントの扱いを確認します。まずどんなフォントを使っているか、デザイナーにあらかじめリストアップしておいてもらうとよいでしょう。その上で、「そのフォントはどのOS、ブラウザでも表示できるか」「表示できない場合は代替フォントがあるか」といった技術的な視点も確認が必要です。

フォントの扱い方は、概ね以下の3つのパターンに分かれます。

1. デバイスフォント

各OSにデフォルトでインストールされているフォントで表示します。すでにインストールされているフォントを利用するため、ほかの方法に比べて最も高速に動作します。ただし、インストールされているフォン

> **memo**
> 2020年の国内世帯における情報通信機器の保有状況（※）をみると、スマートフォンが86.8%となっており、パソコンの70.1%を上回っています。もちろんユーザーはどちらかだけを使うわけではなく、時間帯やシチュエーションによって使い分けることを考慮しておきましょう。
>
> ※総務省「令和2年 通信利用動向調査」より引用
> https://www.soumu.go.jp/johotsusintokei/statistics/statistics05a.html

> **memo**
> チーム間での合意形成にはXDの共有機能が便利です。詳しくは114ページ（Lesson3-12）を参照。

トはOSやバージョンによって異なります。本書では本文部分など、基本のフォント指定はデバイスフォントにしています。

2. Webフォント

フォントファイルを配信し、どの環境でも同じフォントで表示します。見た目の再現性は高いですが、日本語フォントは字形が多く、ファイルサイズも数MBになるため、ページ表示速度が遅くなります。本書では、見出しなど強調したい箇所にWebフォントを利用しています。

memo
Webフォントを使うには、ライセンスや機能の都合上、配信サービスを利用するのが一般的です。代表的なWebフォント配信サービスには、Adobe Fonts (https://fonts.adobe.com/) や、Google Fonts (https://fonts.google.com/) があります。

3. 画像

文字を画像として書き出し、表示します。見た目とファイルサイズのバランスは取れていますが、文字修正をするたびに画像を書き出し直す手間が発生します。また、手軽に選択してコピーすることもできなくなります。本書では、ロゴが手書き文字をベースにしているため、画像を利用しています。

リンク先

リンクやボタンなどの遷移先がある場合、クリックするとどのページに遷移するのかを確認します。XDでは、プロトタイプ機能を使ってワイヤーフレームの段階であらかじめ検証しておくことで抜けや漏れを防げるとともに、デザイナー、エンジニアなど後工程に関わる人にもリンク先が明確に伝わります。

memo
プロトタイプ機能については108ページ (Lesson3-11)、174ページ (Lesson 4-11) を参照。

ブレイクポイント

一般的なデザインカンプでは、レスポンシブWebデザインを前提としてデバイス幅に応じたデザインを複数制作するケースがよく見られます。しかし、実際にデザインを切り替えるブレイクポイントをいくつにするのか、誰が決めるのかは、明確になっていないこともあるようです。ブレイクポイントの設計に明確な合意が取れていないと、作り終えたあとで「こんなつもりではなかった！」と不毛な修正が発生することもありますので注意しましょう。

以下に近年の代表的なApple製デバイスの解像度を示します（次ページ 図1）。表だけを見ると、デバイスの間の値をブレイクポイントにすればよさそうにも見えます。しかし、スマートフォンやタブレットは横にして使うこともありますので注意が必要です。

! POINT

実際にブレイクポイントをいくつにするべきかですが、残念ながら決められた正解はありません。よく見られるアプローチとして特定のデバイス幅を基準として決定する方法がありますが、筆者はあまりおすすめしません。なぜなら、現代のスマートフォン、タブレットは大型化が進みつつ多様なサイズが展開されており、パソコンも含めたそれぞれのデバイス幅の境界は非常に曖昧になっているからです。

図1　近年の代表的なApple製デバイスの解像度

スマートフォン		タブレット		パソコン	
iPhone 12 Pro Max	428 x 926	iPad Pro 12.9 インチ	1023 x 1366	24 インチ iMac	2240 x 1260
iPhone 12	390 x 844	iPad Pro 11 インチ	834 x 1194	MacBook Pro 16 インチ（2020）	1792 x 1120
iPhone 12 mini	375 x 812	iPad Air（第4世代）	820 x 1180	MacBook Air（Late 2020）	1440 x 900
iPhone SE（第2世代）	375 x 667	iPad（第8世代）	810 x 1080		
		iPad mini（第5世代）	768 x 1024		

「そうはいってもどうすればいいの？」と悩まれるかもしれません。そんなときは、Webサイトで提供する情報をより適切な形で見てもらえるかどうか、をブレイクポイント設計の基準とすることをおすすめします。例えば本書で制作するWebサイトであれば、お弁当の写真が魅力的に見えるかどうか、商品情報を読みやすいレイアウトになっているかどうか、という点を考慮して「900px」をブレイクポイントとしました。

> **memo**
>
> 表内の数値は、デフォルトの解像度です。デバイスによってはスケーリングと呼ばれる拡大率を変更できるものもあります。

カンプとカンプの間

　デバイス幅に応じたデザインカンプの場合、カンプとカンプの間、つまりカンプ以外のサイズで見たときにどうするか？という点について注意が必要です。Webデザインのカンプでは、「幅を広げたり縮めたりしたときにどう表示するのか？」を可視化・検証しづらく、実際にコーディングしてみると特定の幅のときだけ表示が破綻してしまう、ということがしばしばあります 図2 。

図2　カンプとカンプの間はどうすべきか？

当然、ユーザーもいつもカンプと同じ幅で閲覧するわけではありません。多様なユーザー環境に合わせて最適な見た目を提供するためにも、幅が変わったときにはどういう表現をすべきか、コーディングの前にディレクターやデザイナーとすり合わせておきましょう。

デザインカンプだけで伝えづらい場合は、カンプとカンプの間のときにどのようなレイアウトを想定しているかをまとめたドキュメントを作成する、エンジニアに技術的な視点でデザインカンプをレビューしてもらう、などの方法も有効です。

画像書き出し

デザインカンプから実際に使う画像ファイルを書き出す作業は、誰がどのように担当するかを決定します。デザイナー、エンジニアどちらが担当してもよい工程ですが、筆者の現場ではエンジニアが担当するケースが主流です。

理由としては大きく2つあります。1つは画像ファイルとして書き出す範囲の技術的判断が必要なためです。例えば角丸をつけた画像の場合、画像自体を角丸にするのか、あるいは角丸部分はCSSで表現するのか、などの判断が必要になります。

もう1つはファイルの命名における都合です。動的に画像を差し替える場合など、フロントエンドでの都合上、一定のルールで画像ファイルの名前がつけられていることが重要になるケースがしばしばあります。デザイナー側であらかじめ画像を書き出していた場合、リネームの手間が発生する可能性があるでしょう。

もちろん、これらの認識があらかじめ共有できていれば、誰が書き出しの工程を担当しても構いません。デザインの修正や差し替えが発生した場合に、最小限の手間で作業できるようにしておくことが重要になります。

状態変化

Webサイトでは、ユーザーの**インタラクション**によって1つの部品の見た目や機能が変わることがよくあります。例えば、ボタンにマウスポインターを重ねたときに色が変わって押せることを暗黙的に示すようなケースです 図3 。

WORD　インタラクション

インタラクションは、直訳すると「相互作用」のことです。Webデザインの文脈では、Webサイトに対してユーザーが何らかのアクションを起こしたとき、Webサイト側がそのアクションに対応した振る舞いをすることを意味します。

図3　ボタンの状態変化

また、インタラクションだけでなく、コンテンツ自体の状態が変わることもあります。本書で制作するECサイトであれば、商品が売り切れのときにどういう表示にするのか、取り扱う商品が増減したときにどうなるのか、について取り決めが必要です。このような状態の変化について、十分考慮できているかどうかを事前に確認します。

本書では、必要な状態変化をすべてデザインカンプで制作した前提として作業を進めていきます。

動的実装

フォームの送信やモーダルの表示といった動的機能について仕様を確認します。機能要件のほか、アニメーションの有無、デバイスによる挙動の違いなども考慮に入れておくとよいでしょう。主にJavaScriptでの実装となります。

ターゲットブラウザ

コーディングしたWebページが最終的にどのブラウザで表示できればよいか、を確認します。ブラウザは動作するOSとも密接に関係しているため、実質的にはブラウザとOSの確認が必要になります。あらかじめターゲットブラウザを明確にしておくことで、Webサイトが完成したあとにユーザーやクライアントが使っているブラウザやOSで動作しない、といったトラブルになることを防ぎます。

もちろんすべてのブラウザで表示できればベストですが、スマートフォンをはじめとして多種多様なデバイスが普及している現代では、全ブラウザでテストすることは現実的に不可能です。また、HTML／CSSの仕様は日々アップデートされているため、古いブラウザではサポートされていない機能も存在します。

そのため実際の現場では、デスクトップとモバイルそれぞれの観点でターゲットブラウザを設けることが一般的です。

デスクトップで代表的なブラウザはChrome、 🔔Edge、Firefox、Safariの4つです 図4 。いずれも一定の普及率を持っているため、どれかを意図的にターゲットブラウザから外すことはあまりありません。Internet Explorer 11（IE11）については、2022年6月にサポート終了（予定）とされているため、新しく作るWebサイトでターゲットに含めることはまずないでしょう。

🔔 **POINT**

Edgeは、ChromeのレンダリングエンジンのベースにもなっているChromium（クロミウム）を採用し、現在も更新が続いているEdge（新しいEdge、Chromium版Edgeと呼ぶこともあります）と、Microsoft社独自のレンダリングエンジンを採用した古いEdge（Edge Legacyと呼ぶこともあります）の2種類があります。古いEdgeは2021年3月にサポートが終了しています。

図4 主要なデスクトップ用ブラウザ

Chrome　　Edge　　Firefox　　Safari

次にモバイルでは、OSのバージョンと、ブラウザの組み合わせ、動作テスト機種を確認します。モバイルはOSのバージョンアップも早いサイクルで行われているため、ターゲットとするOSのバージョンをしっかり確認しておきましょう。

また、ブラウザについてもiOSはSafari、AndroidはChromeだけしかないと思われがちですが、そのほかのブラウザも多数存在しています。実際の現場では、OSは直近数バージョン、ブラウザはiOSとSafari、AndroidとChromeの組み合わせでのみ、とするケースが多いようです。

モバイルの場合、最も注意したいのが動作テスト機種です。PCでの開発時にブラウザのデベロッパーツールでモバイルでの表示をシミュレーション⏵できますが、あくまでシミュレーションのため、実際の表示や挙動とは異なることがよくあります。そのため、ある程度までの開発はデベロッパーツールで表示確認し、最終的には実機での動作をテストする必要があります。

このとき、やはりすべての機種をテストすることは現実的に不可能ですので、あらかじめテストする機種を決めておくことが重要になります。

技術仕様

技術的な観点での仕様について確認します。最終的に公開するサーバーやドメインはもちろん、ディレクトリ構造やファイル名の指定、開発に使用する技術、コーディング規約の有無などを確認しておきます。本書では特に指定がなく、エンジニアの裁量に任せられている前提で進めていきます。

🔖 memo

過去にはブラウザの種類と合わせてバージョンまで指定することがありました。しかし、現在普及しているブラウザは基本的に自動アップデート機能がついている上、概ね6週間に1回のペース（ときにはセキュリティパッチなどで2〜3週間に1回）で更新が行われており、バージョンを指定することは困難になっています。そのため、実際の現場では「最新バージョンのみ」や、「最新2バージョン（最新バージョンと1つ前のバージョン）のみ」というような指定をすることが多いようです。

➡ 214ページ **Lesson5-02**参照。

🔖 memo

AndroidはOS、ブラウザのバージョンが同じであっても機種によって細かいレンダリングや挙動の違いが発生することがありますので、より注意が必要です。

コーディング環境を構築する

THEME
テーマ

お使いのコンピューターに開発のための環境が整っているか確認しましょう。ここでは基本的な開発環境の概要と、そのインストール方法を学びます。

開発環境について

Webページを記述するHTML、CSSは、テキストエディットやメモ帳といったOS付属のテキストエディタでも書ける非常に手軽な言語です。特別な環境を用意しなくとも、テキストエディタとブラウザだけで開発をすぐはじめられるのが、Web開発が持つ敷居の低さといえます。

しかし実際のコーディングの現場では、開発をより効率的にするため、以下のようなツールが使われています 図1 。

本書では、最低限必要になる ❗ コードエディタとデベロッパーツールの概要と、インストール方法について解説していきます。

図1 **コーディングに関連する主なツール**

名称	役割	代表例
コードエディタ	コードの編集に特化したエディタ	Visual Studio Code、Sublime Text など
デベロッパーツール	開発の過程においてブラウザでテストや検証をする機能	Chrome、Edge など
バージョン管理システム	ソースコードの履歴を管理する仕組み	Git、Subversion など
パッケージ管理システム	開発で利用するライブラリやモジュールを管理する仕組み	npm、Yarn など

コードエディタとは

コードエディタとは、コードの編集に特化した機能を搭載したエディタのことです。具体的には、コードを機能別に色分けして表示するシンタックスハイライト 図2 、コードの入力候補を表示するコード補完 図3 といった、効率的にコーディングを行える機能を指します。

POINT

コードエディタに近いものとして、IDE（Integrated Development Environment)、統合開発環境と呼ばれるソフトウェアもあります。旧来、プログラムのコーディング、コンパイル、デバッグといった作業を別々のツールで行っていました。IDEは、これらの作業を1つの環境からまとめて利用できるよう統合したものを指します。ただし、本書で紹介しているVisual Studio Codeのように、コードエディタといわれながらもIDEに近い機能を備えているものも多くあり、Web開発の分野では明確な違いが少ない面もあります。

図2 シンタックスハイライトの例

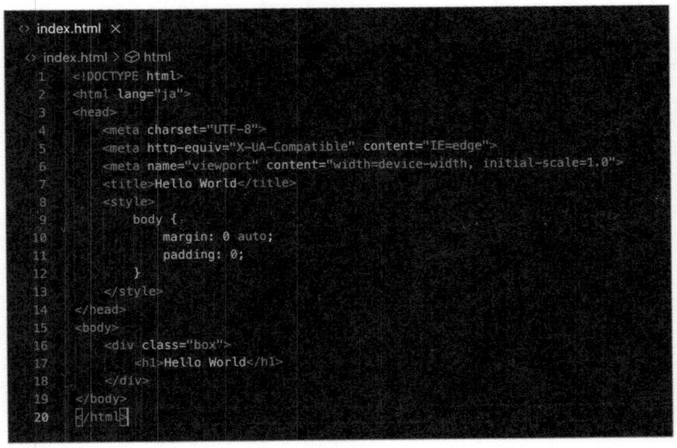

図3 コード補完の例

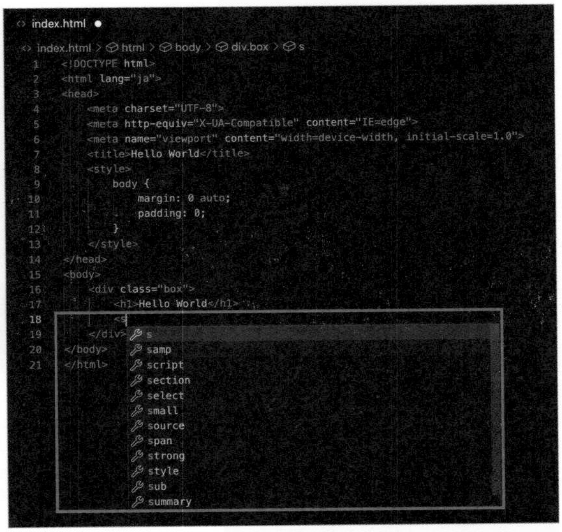

　コードエディタは、機能、価格、動作スピード、CPU使用率によって
さまざまな違いがあります。どれを使うかは個人の好みによりますので、
自分の手に合うものを探してみるとよいでしょう。ここでは代表的な
コードエディタをいくつか紹介します。

memo

ちなみに筆者はWebStormを愛用して
います。

- Visual Studio Code
  https://azure.microsoft.com/ja-jp/products/visual-studio-code/
- WebStorm
  https://www.jetbrains.com/ja-jp/webstorm/
- Sublime Text
  https://www.sublimetext.com/
- Atom
  https://atom.io/

Visual Studio Codeのインストール

　Visual Studio Code（以下、VSCode）は、Microsoftが開発している
Windows、Linux、macOS向けのコードエディタです。無料で利用でき、
豊富な機能が軽量に動作するため、2015年のリリース以来、急速に支持
を集め高いシェアを保っています。

　本節ではWindows、macOSそれぞれでのVSCodeのインストール方法
を紹介します。まずVSCodeの公式サイト（ https://azure.microsoft.com/
ja-jp/products/visual-studio-code/ ）にアクセスし、「Download now」ボ
タンをクリックします（次ページ **図4** ）。

memo

お使いのOSのバージョンやブラウザに
よってインストール方法が異なる場合
があります。

ダウンロードページが表示されたら、お使いのOSのダウンロードボタンをクリックします。インストーラーのダウンロードがはじまるので、完了したらインストールに進みます 図5 。

図4 「Download now」ボタンをクリック

クリック

図5 ダウンロードボタンをクリック

使用している OS のダウンロード
ボタンをクリック

Windows

ダウンロードしたインストーラーをダブルクリックして起動します
図6 。

図6 VSCodeのインストーラーを起動

ダブルクリック

使用許諾契約書の同意画面が表示されます。同意するを選択し、「次へ」ボタンをクリックします 図7 。

続いて追加タスクの選択画面が表示されます。必要に応じてチェックを入れ、「次へ」ボタンをクリックします 図8 。

┌ memo
書かれている意味がわからなければ、デフォルトのまま進んで問題ありません。

図7　使用許諾契約書の同意　　　　**図8　追加タスクの選択**

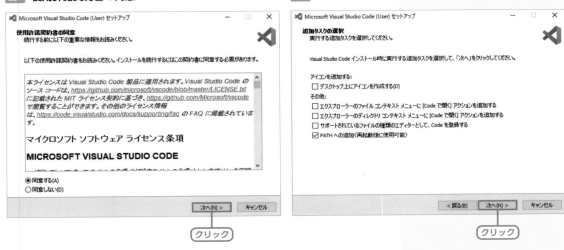

　インストール準備完了画面が表示されます。「インストール」ボタンをクリックします図9。

　インストールが完了したら、Visual Studio Codeを実行するにチェックが入っていることを確認し、「完了」ボタンをクリックします図10。

図9　インストール準備完了の同意　　　　**図10　追加タスクの選択**

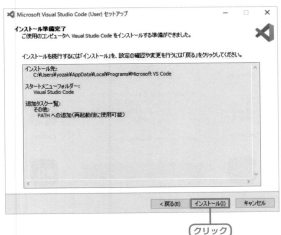

macOS

　ダウンロードしたzipファイルをクリックし、VSCodeのアプリケーション本体を展開します（次ページ図11）。

　続いてVSCodeのアプリケーション本体をアプリケーションにドラッグ＆ドロップします（次ページ図12）。

図11 VSCodeを展開

クリック

図12 アプリケーションにドラッグ＆ドロップ

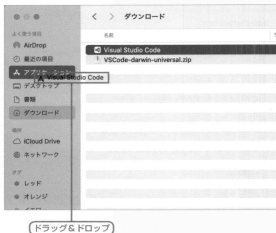

ドラッグ＆ドロップ

アプリケーション内に移動したVSCodeをダブルクリックして起動します**図13**。

⚠️macOSの警告ダイアログが表示されます。ダウンロード元がcode.visualstudio.comであることを確認し、「開く」ボタンをクリックします**図14**。

> **! POINT**
>
> このダイアログは、macOSでインターネットからダウンロードしたアプリケーションを実行しようとしたときに表示されます。ダウンロード元が信頼できるドメインかどうかを確認しましょう。

図13 VSCodeを起動

ダブルクリック

図14 警告ダイアログ

クリック

VSCodeの日本語化

VSCodeのインストールが完了し、起動できたら、次は日本語化の拡張機能をインストールします。

拡張機能とは、その名のとおりVSCodeに機能を追加・拡張するための仕組みで、プログラミングによって誰でも作成・配布できます。VSCodeは基本的に英語のUIで動作しますが、日本語化の拡張機能をインストールすることにより、UIが日本語に切り替わります。

それでは日本語化の拡張機能をインストールしていきましょう。VSCodeの左側にあるアクティビティバーの中の拡張機能アイコンをクリックします図15。

拡張機能ビューが表示されたら、該当の拡張機能を検索するため、上部の検索欄に「japanese」と入力します図16。

memo
拡張機能ビューが狭い場合、右端をドラッグして表示を広げることができます。

図15　拡張機能アイコンをクリック

クリック

図16　検索欄に「japanese」と入力

入力

検索結果が表示されたら、「Japanese Language Pack for Visual Studio Code」という名前の拡張機能を探し、「Install」ボタンをクリックします図17。

インストールが完了すると、右下に拡張機能を有効にするために再起動を促すダイアログが表示されますので、「Restart」ボタンをクリックし、VSCodeを再起動します図18。

図17　「Install」ボタンをクリック

クリック

図18　「Restart」ボタンをクリック

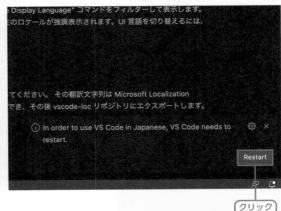

クリック

VSCodeの再起動が完了すると、日本語のUIが表示されます。日本語化のほかにも、便利な拡張機能が数多く用意されていますので試してみるとよいでしょう。

デベロッパーツールとは

　コードを書く環境を整えたら、次はデベロッパーツールが必要です。デベロッパーツールとは、Web開発の過程においてブラウザでテストや検証をする機能をまとめたツールを指します。コードが正しく動作しないときに原因を調べたり、解決策を試したりするときに大変便利で、Web開発の現場では必須ともいえるツールです。

　主要なブラウザであるChrome、Edge、Safari、Firefoxには、それぞれデベロッパーツールが付属しています。ここではChromeのデベロッパーツールの基本的な使い方について紹介します。

　まず、Chromeで検証したいWebページを開きます。例としてMdNのWebページ https://books.mdn.co.jp/ を開いてみましょう。次にキーボードのF12キーを押すと、デベロッパーツールが起動します 図19 。

<aside>
memo

デベロッパーツールの呼称はブラウザによって異なります。Chromeはデベロッパーツール、Edgeは開発者ツール、SafariはWebインスペクタ（または開発メニュー）、Firefoxはウェブ開発ツールと呼んでいます。
</aside>

<aside>
memo

Chromeの右上に表示されている「設定」ボタン→「その他のツール」→「デベロッパーツール」を選択しても、デベロッパーツールを起動できます。
</aside>

図19 Chromeのデベロッパーツール

　デベロッパーツールは機能別に複数のパネルで構成されており、上部のタブをクリックすることでパネルを切り替えて表示できます。

要素のスタイルを検証する

　コーディング時によく使う機能が、Elementsパネルと要素の検証です。これらの機能を使うと、HTMLやCSSがどのように動作しているか詳しく確認したり、値を変更して検証したりすることができます。具体的に見ていきましょう。

　Webページを開いた状態で、デベロッパーツールのElementsパネルを開きます。画面上部には表示しているWebページのHTMLを表すDOMツリービューが、下部には選択中のHTMLの要素に適用されているCSSのスタイルが表示されます 図20 。

図20　Elementsパネル

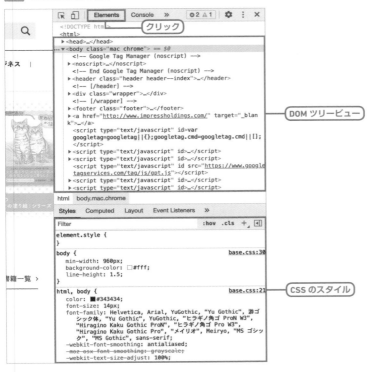

DOMツリービューでマウスを動かすと、マウスオーバーしている要素がブラウザ上でハイライト表示され、合わせてタグ名、class名、幅／高さなどが表示されます。ハイライト表示の青色は要素そのもの、オレンジ色は要素のmargin、緑色は要素のpaddingを表します図21。

図21　要素の検証

DOMツリービューで要素をクリックすると、その要素に適用されているCSSのスタイルがElementsパネルの下部に表示されます。または、デベロッパーツールの左上にある🔲ボタン（Select an element in the page to inspect it）をクリックすると、ブラウザが要素の検証状態になるため、ブラウザ上で直接要素をクリックして、その要素のスタイルを表示することもできます。

Elementsパネルで表示したスタイルは、一時的に変更できます。表示されているスタイルにマウスオーバーすると、左にチェックマークが表示されます。チェックマークをクリックして外すと、そのスタイルを無

> **memo**
> DOMツリービュー上のHTMLは、要素の左に表示されている三角形のアイコンをクリックするか、要素自体をダブルクリックすると子要素の表示を切り替えられます。また、option [Alt] キーを押しながら三角形のアイコンをクリックすると、内包している子要素をすべて展開できます。

> **memo**
> 要素の検証は、デベロッパーツールを開いていない状態から直接実行する方法も2つあります。1つはブラウザ上で検証したい要素を右クリックし、表示されたメニューから検証を選ぶ方法。もう1つは、キーボードの⌘ [Ctrl] +Shift+Cキーを押して、直接要素の検証状態に切り替える方法です。

効にできます。また、有効なスタイルのプロパティや値をクリックすると、自由に書き換えることもできます図22。

図22 Elementsパネルでスタイルを一時的に書き換える

　これらの変更はあくまでブラウザ上だけの一時的なものです。Webページを再読み込みするとリセットされるので注意しましょう。

デバイス別の表示をシミュレーションする

　現代のWebデザインで主流となっているレスポンシブWebデザインでは、1つのHTMLをベースにPC、スマートフォン、タブレットといった多様なデバイスでの表示を最適化します。しかし、コーディング工程の最初からすべてのデバイスを用意し、表示チェックをするのは効率的ではありません。

　そこで使いたいのがデベロッパーツールに搭載されている、デバイス別の表示シミュレーション機能です。ブラウザの表示領域を仮想的にコントロールして、スマートフォン、タブレットといったPC以外のデバイスでの表示をシミュレーションできます。

　使い方は簡単です。デベロッパーツールの左上にある「Toggle device toolbar」ボタンをクリックします。ブラウザ上部にデバイスツールバーが表示されたら、表示デバイスを選ぶだけで該当デバイスの表示サイズをシミュレーションできます図23。

図23 デバイス別の表示のシミュレーション

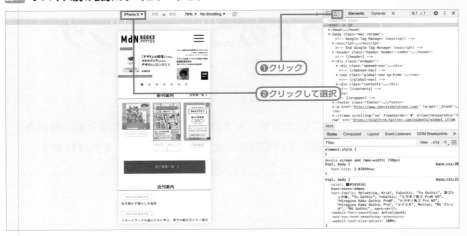

　表示デバイスの一番上にある「Responsive」を選ぶと、表示領域の右側と下側のハンドルをドラッグすることで、任意の表示サイズに変更できます。また、幅／高さを直接入力して指定することも可能です**図24**。

図24　「Responsive」では任意の表示サイズに変更可能

レイアウトのコーディング

240 min

THEME テーマ いよいよコーディングに着手していきます。まずはコンテンツを入れるための枠組みを用意するため、各ページで共通している部分の大まかなレイアウトを作成します。

コーディングの進め方

　コーディングの進め方には、大きく分けて2通りの方法があります。1つは細部から全体、つまりデザインカンプの上から下へ順番に仕上げていく方法。もう1つは全体から細部、Webサイト全体を見ながら共通レイアウト→共通コンテンツ→各ページ固有のレイアウト・コンテンツ、と影響を及ぼす範囲が広いものから着手していく方法です 図1 。

図1 **コーディングの進め方の違い**

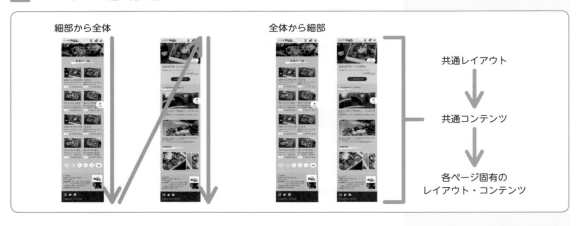

　どちらが正解というわけではありませんが、筆者は後者をおすすめします。Webサイトはその性質上、複数のページでレイアウトやコンテンツを使い回すことがよくあるため、全体の構造を確認しながら進めたほうが手戻りが少なくなります。本書でも、まずはWebサイト全体の共通レイアウトから着手していきます。

　幸い、XDでは複数のアートボードを簡単に俯瞰できるので、まずはサンプルデータのデザインカンプを開き、全体をよく確認してみましょう。それぞれのページは大きく分けてヘッダー、メインコンテンツ、フッターの3つの領域で構成されていることがわかります 図2 。

> **memo**
> デザイナーによってはどのようなルールに沿ってレイアウトしているかを明確にするため、ガイドを活用してカンプを作成していることがあります。ガイドを表示するには、メニューから「表示」→「ガイド」→「ガイドをすべて表示」をクリックします。

図2　デザインカンプの3つの領域

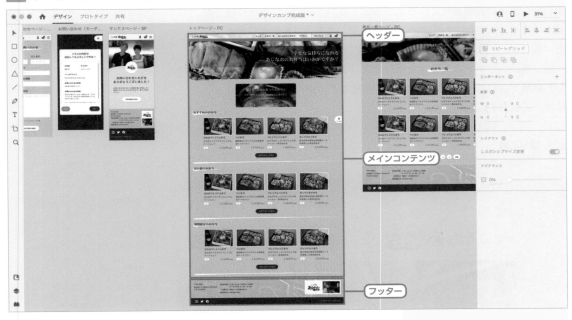

ヘッダーのレイアウト

　最初にヘッダーの大まかなレイアウトを作成していきましょう。選択ツールでヘッダーをクリックして選択すると、プロパティインスペクターに幅と高さが表示されます。モバイル向けは幅375px、高さ50px、デスクトップ向けは幅1280px、高さ50pxになっています 図3 。

図3　ヘッダーの幅と高さを確認する

まず、幅についてはいずれもアートボードと同じ大きさになっていますので、前述の数値通りにpx単位で指定するのではなく、ページ幅と同じ、つまり%単位として幅100%で作るのがよさそうだとわかります。一方、高さはいずれも50pxで固定されています。

　続いて、ヘッダーの背景色を確認しましょう。同じくヘッダーを選択した状態でプロパティインスペクターを見ると、塗りと線が下図のようになっています 図4 。

　レイヤーパネルを見ると、選択中の「Header」の中にはアイコンやバッジ、背景などたくさんのオブジェクトが存在していることがわかります。これらのオブジェクトは別々の塗りと線を持ってるので、それを内包する「Header」を選んだときは上図のような表示になります。固有のオブジェクトの色を確認したいときは、オブジェクトの中にあるオブジェクトを選択する必要があります。

　レイヤーパネルから「Header」の中にある「長方形 1」をクリックすると、背景のオブジェクトだけを選択できます。塗りを確認すると先ほどと表示が変わり、背景単体の塗りを選択できていることがわかります。塗りをクリックすると、ヘッダーの背景色が「#FFFFFF」の透明度90%であることがわかりました 図5 。

図5　ヘッダーの背景色

　ここまでXDで作ったデザインカンプから読み取った情報を元に、ヘッダーをコーディングします。ここでは大まかなレイアウトを作ることを目的としていますので、中身については空でかまいません 図6 図7 。

図6　ヘッダーのレイアウトをコーディング

HTML

```html
<header class="header">
    ヘッダー
</header>
```

CSS

```css
body {
    background-color: #E2E2D7; // 白いヘッダーが視認できるよう一時的に背景色をつける
}

.header {
    position: fixed; // ページ上部に固定
    top: 0;
    left: 0;
    width: 100%; // 幅を % 単位で指定
    height: 50px;
    background-color: rgba(255, 255, 255, 0.9);
}
```

図7 ヘッダーのレイアウト完成図

メインコンテンツのレイアウト

　次にメインコンテンツの領域を作成します。メインコンテンツはページごとに内容が大きく変わるため、仮に一定の高さを確保した上で背景画像だけ適用しておきましょう 図8 図9 。

memo
画像の書き出し方については、227ページ(Lesson5-04)を参照してください。

図8 メインコンテンツのレイアウトをコーディング

HTML

```html
<main class="main">
    メインコンテンツ
</main>
```

CSS

```css
body {
    background: #E2E2D7 url(../images/common/bg.png) repeat; // 背景画像を適用
}

.main {
    height: 300px; // 仮に高さを確保
    margin-top: 50px; // ヘッダーの高さ分、一時的なマージンを付加
}
```

図9 メインコンテンツのレイアウト完成図

フッターのレイアウト

　最後にフッターのレイアウトを作成します。フッターは大きく分けて店舗情報とSNS・著作権表示の2つの領域に分かれているので、まずは店舗情報の領域から作っていきます。店舗情報の領域は、上下左右にpaddingが設けられています 図10 。

図10 店舗情報に設けられた上下左右のpadding

　具体的な数値をデザインカンプで確認してみましょう。まずは上下のpaddingです。オブジェクト間の距離を測るには、まず計測の基準となるオブジェクトを選択します。ここでは右側の画像を基準にするとよいでしょう。レイヤーパネルから「グループ1829」をクリックして選択した状態で、キーボードのoption［Alt］キーを押しながらマウスポインターを動かします。すると、基準オブジェクトからマウスポインターでロールオーバーしているオブジェクトまでの距離が表示され、paddingは上が18px、下が17pxであることがわかりました 図11 。

図11 画像から店舗情報の端までの距離を表示

次は左右のpaddingです。同じようにオブジェクト間の距離を計測してみましょう。レイヤーパネルから「グループ 1791」をクリックし、左側のテキストを選択します。option［Alt］キーを押しながらアートボードの左外までマウスポインターを動かすと、左までのpaddingは10.4pxと表示されました。このように小数点以下の数値が表示されるときは、オブジェクトのサイズまたは座標に小数点が含まれているはずです。このデザインカンプでは座標に小数点が出ています図12。

図12　テキストから店舗情報の端までの距離を表示

意図的なデザインであればよいのですが、デザイン中に誤って中途半端な位置に配置してしまった可能性もあります。このようなときは事前にデザイナーに確認するとよいでしょう。ここではデザイナーのミスで間違った位置に置かれている、という前提で作業を進めていきます。

実はデザイナーはあらかじめガイドを引いており、ガイドに沿うようなレイアウトが正しいため、ガイドを表示してみましょう。メニューから「表示」→「ガイド」→「ガイドをすべて表示」をクリックしてガイドを表示します。各ページの左端、右端にそれぞれ水色のガイドが表示されます図13。

図13　デザインカンプに表示されたガイド

左側のテキストは左端のガイドを少しはみ出して配置されているようです図14。

図14 ガイドをはみ出したテキスト

ガイドの位置は正しいので、ガイドを基準にして店舗情報の端まで距離を計測してみましょう。左端のガイドをクリックし、そのまま長押しを続けると、ガイドから端（または別のガイド）までの距離が表示されます。❗paddingは左右ともに15pxであることがわかりました図15。

図15 ガイドからの距離を表示

店舗情報と同様に、SNS・著作権表示の領域についても背景色やpaddingをデザインカンプから読み取り、フッターをコーディングします（次ページ図16）。

❗ POINT

ガイドをクリック、ドラッグできない場合、ガイドがロックされています。メニューから「表示」→「ガイド」→「ガイドをすべてロック解除」をクリックして、ロックを解除してください。

❗ POINT

デザインカンプ上では左右のpaddingは15pxでしたが、デバイス幅に応じてpaddingも拡縮してほしいため、実際のCSSではパーセンテージで4%と指定しました。パーセンテージの求め方は15px（padding）÷375px（アートボードの幅）＝0.04（4%）となります。

図16 フッターのレイアウトをコーディング

HTML

```
<footer class="footer">
    <div class="footer__store">
        店舗情報
    </div>
    <div class="footer__info">
        SNS・著作権表示
    </div>
</footer>
```

CSS

```
.footer__store {
    height: 150px;
    padding: 18px 4%; // 上下は px、左右は %
    background: #FFFFFF url(../images/common/footer_bg.png) repeat;
    background-size: 50%;
}

.footer__info {
    height: 100px;
    padding: 10px 4%; // 上下は px、左右は %
    background-color: #333333;
    color: #FFFFFF;
}
```

これで各ページ共通の大まかなレイアウトが完成しました。

Lesson 5
04
素材の書き出し

> **THEME**
> **テーマ**
>
> コーディングに利用するため、XDファイルから画像ファイルを書き出す方法や、カラーやフォントなどの情報を効率よく取得するための方法について解説します。

画像ファイルの書き出し

画像を書き出す前に、モバイル向けとデスクトップ向けのデザインカンプで、対象の画像がそれぞれどのような扱いになっているのかを確認します。例えばトップページの一番上にあるキービジュアルを見てみましょう 図1 。

図1 キービジュアルの違い

2つのキービジュアルを見比べると、縦横比が異なることがわかります。このようにデバイス幅に応じて違う画像を出し分けたいときは、そのパターンの数だけ画像を書き出す必要があります。ここではモバイルとデスクトップで2つの画像が必要ですので、それぞれの画像を書き出してみましょう。

まず、モバイル向けのデザインカンプでキービジュアルをクリックして選択し、メニューの「ファイル」→「書き出し」→「選択したオブジェクト」を選びます（次ページ 図2 ）。

> **memo**
>
> 選択したオブジェクトの書き出しのショートカットキーは、⌘[Ctrl]＋Eキーです。

227

図2 キービジュアルを選択した状態で選択したオブジェクトを書き出し

　「アセットを書き出し」ダイアログが表示されました。ダイアログでは、書き出す画像の ! フォーマットや画質などのオプションを設定できます。それぞれのオプションの詳細は以下のとおりです **図3**。

図3 画像書き出しのオプション

オプション名	概要
フォーマット	書き出す画像のファイル形式を選びます。
画質（JPGのみ）	画質を設定します。数値が高いほど高画質になり、ファイルサイズも大きくなります。
保存形式（PDFのみ）	複数のオブジェクトを書き出す際にPDFファイルを単一にするか、複数にするかを選びます。
書き出し先（PNG、JPGのみ）	画像の用途を選びます。選択によってデザイン倍率の選択肢が変更されます。
デザイン倍率（PNG、JPGのみ）	画像の書き出し倍率を選びます。

　XDで書き出しできるフォーマットはPNG、SVG、PDF、JPGの4種類です。それぞれのフォーマットは以下のような特長がありますので、必要に応じて使い分けましょう **図4**。Webで利用する画像ファイルを書き出す場合は、ベクターであればSVG、**ラスター**であれば画像の色数に応じてPNGまたはJPGを選ぶとよいでしょう。

図4 XDで書き出せる画像フォーマットの違い

フォーマット	PNG	SVG	PDF	JPG
表現形式	ラスター	ベクター	ラスター	ラスター
データ形式	バイナリ	テキスト	バイナリ	バイナリ
適した用途	イラスト、図版	ロゴ、アイコン	プレゼンテーション資料	写真
透過	○	○	×	×

! POINT

Windows版では、「フォーマット」は「形式」、「書き出し先」は「書き出し設定」と表記されています。また、ファイルの書き出し先を「書き出し先」で指定します。

memo

SVG形式のオプションについては本節で後述します。

WORD ラスター

ラスター（ビットマップ）は格子状に集合したピクセルで表現する形式で、拡大すると1ピクセルずつの色情報で構成されていることがわかります。一方ベクターは座標情報を元にした計算で表現する形式で、どれだけ拡大してもスムーズに表示されます。

PNG

　イラストや図版など、色の境界がはっきりしている画像に向いている
フォーマットです。色数が多くなるとファイルサイズが大きくなるため、
色数が少ない画像を中心に利用します。

SVG

　ロゴやアイコンなど、ベクター画像のためのフォーマットです。拡大・
縮小しても画質が劣化せず、JavaScriptから操作することもできます。
XMLで記述されているため、書き出したあとにテキストエディタで編集
可能です。

PDF

　画像ファイルではなく、プレゼンテーション資料などの文書ファイル
フォーマットです。XDではすべてのアートボードを1つのPDFとしてま
とめて書き出す使い方が想定されています。

JPG

　写真など、色数の多い画像に向いているフォーマットです。書き出す
際に画質の値を選ぶことができ、値が高いほど高画質になりますが、ファ
イルサイズは大きくなります。

　なお、XDはカラーマネジメントと呼ばれるコンピューター上の色を管
理する規格に対応していません。そのため、書き出した画像ファイルの
色がXD上とは違って見えたり、カラーマネジメントに対応したアプリ
ケーションとは違う色で表示されたりすることがあります。

　厳密に色を合わせる必要があるときは、PhotoshopやIllustratorなど、
カラーマネジメントに対応しているアプリケーションで画像を制作し、
書き出すことをおすすめします。

　さて、ここではWebサイト用のキービジュアルを書き出します。Web
サイトの場合、モバイル端末では概ね**高画素密度**ディスプレイで表示さ
れるため、表示サイズの2倍で書き出す必要があります。また、キービジュ
アルは透過の必要もあるため、形式は「PNG」、書き出し設定は「Web」、
デザイン倍率は「1x」を選んで書き出します。

　ここで「2倍で書き出すためにデザイン倍率が1x？ 2xの間違いでは？」
と思われたかもしれません。XDではデザイン倍率の設定によって書き出
される画像サイズは、次のような仕様になっています（次ページ **図5**）。
勘違いしやすいのですが、表示サイズの2倍の画像を書き出したい場合
は、1xを選ぶようにしましょう。

📝 **memo**

SVGにはラスター画像（ビットマップ）
を含めることもできますが、ベクター画
像としてのメリットが失われてしまうた
め利用シーンはあまり多くありません。

WORD ▶ **XML**

XMLは、HTMLに近いマークアップ言
語の1つです。HTMLは仕様に定められ
たタグを用いるのに対して、XMLはユー
ザーが定義したタグを用います。

📝 **memo**

すべてのアートボードを書き出すには、
メニューの「ファイル」→「書き出し」→
「すべてのアートボード」をクリックしま
す。PDF以外のフォーマットでも書き
出せるため、すべてのデザインカンプ
を俯瞰したり、画像にしたい場合に便
利です。

WORD ▶ **画素密度**

ディスプレイにおける表示の精細さの
ことです。ディスプレイ1インチあたり
に配置される画素数（ピクセル数）が高
ければ高いほど、高精細な表示になり
ます。現在普及しているスマートフォン
やタブレットのほとんどが高画素密度
のディスプレイを搭載しています。

図5 デザイン倍率と書き出される画像サイズの関係

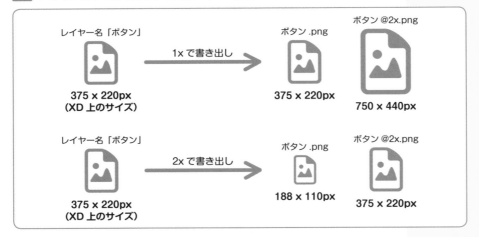

書き出し先を確認すると、「ボタン.png」と「ボタン@2x.png」という2つのファイルが書き出されています。前者はアートボードに配置されたサイズ（375×220px）と同じ、後者は2倍のサイズ（750×440px）になっています。モバイル向けは2倍のサイズのみ使用するため、「ボタン.png」は削除し、「ボタン@2x.png」を適切な名前に変更して使用しましょう 図6 。

図6 書き出された1倍と2倍の画像ファイル

デスクトップ向けの画像ファイルは、同様にデザインカンプでキービジュアルをクリックして選択し、書き出した1倍サイズ（1280×400px）の画像ファイルを使用します。

SVGファイルの書き出し

アイコンのようにさまざまなサイズで使い回すことを前提としたベクターデータは、SVGファイルとして書き出します。サンプルデータではデザインカンプで使っているアイコン類を、デザイナーがあらかじめ1箇所にまとめているので、一括して書き出してみましょう。書き出したいアイコンをクリックして選択し、プロパティインスペクターの一番下にある「書き出し対象にする」にチェックを入れます 図7 。

> **memo**
> 書き出される画像ファイルの名前は、XDファイル上のレイヤー名と同じになります。ここでは書き出したあとにリネームする手順を取っていますが、あらかじめレイヤー名を書き出したいファイルの名前にしておけば、リネームの手間を省けます。

> **memo**
> レイヤーパネルで該当レイヤーの「書き出し対象にする」アイコンをクリックしても、同様の操作ができます。

図7　書き出し対象にする

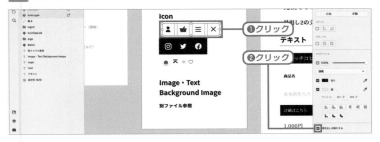

　このようにXDファイルで書き出し対象に設定したレイヤーは、まとめて一括して書き出せます。メニューの「ファイル」→「書き出し」→ 💡 「すべての書き出し対象」をクリックします 図8 。

POINT
「すべての書き出し対象」は、Windows版では「全書き出し対象」と表記されています。

図8　すべての書き出し対象

　「アセットを書き出し」ダイアログが表示されました。フォーマットでSVGを選ぶと、ほかの形式にはないオプションが表示されます。それぞれのオプションの詳細は以下のとおりです 図9 。

memo
全書き出し対象のショートカットは、⌘[Ctrl]＋Shift＋Eキーです。

図9　SVGの書き出し設定

スタイル

スタイル情報をどこに記述するかを設定します（次ページ 図10 ）。

231

図10 スタイル

選択肢	概要
プレゼンテーション属性	スタイル情報を各タグの属性に書き出します。通常はこちらを選びます。
内部 CSS	スタイル情報を <style> タグに書き出します。あとから style を上書きしたい場合などに利用します。

画像を保存

　SVGファイル内にビットマップ画像が含まれる場合、どのように書き出すかを設定します図11。ビットマップ画像が含まれる場合、ほとんどのケースではSVGではなくPNGやJPGなどで書き出したほうが適切なため、あまり使用しません。

図11 画像を保存

選択肢	概要
埋め込み	SVG ファイル内に埋め込まれます。
リンク	外部ファイルにリンクされます。

ファイルサイズ

　🖊「ファイルサイズを最適化済（縮小）」にチェックを入れると、不要な改行や属性などを省略して書き出します。通常はチェックを入れます。

パスオプション

　「パスのアウトライン」にチェックを入れると、線をシェイプに変換して書き出します。具体的には線を使って制作したアイコンを書き出すとき、そのまま書き出すと拡大・縮小したときに意図せぬ変形が発生して表示が崩れる場合があります。このオプションを有効にして書き出すと、表示崩れを防ぐことができます。

　ここでは、スタイルは「プレゼンテーション属性」、画像を保存は「埋め込み」、ファイルサイズとパスオプションはチェックを入れて書き出します。書き出し先を開くと、書き出し対象に選んだアイコンがSVGファイルとして書き出されていることが確認できます図12。

> **POINT**
>
> 「ファイルサイズを最適化済（縮小）」は、Windows版では「最適化済（縮小化済）」という表記になっています。

図12 書き出されたSVGファイル

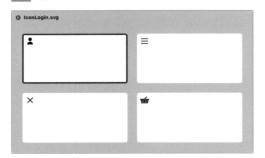

カラーパレットの作成

通常、コーディングの工程では、塗りや線、テキストなど、デザイナーが指定したカラーを1つずつ確認してCSSに反映していきます。見分けがつきやすい色であればよいのですが、薄いグレーなど似たような色が何色か存在していると、なかなか骨が折れる作業です。

XDではLesson4で紹介したように、ドキュメントアセットを使ってカラーを管理する機能が用意されています。ここでは、あらかじめデザイナーがドキュメントアセットにまとめたカラーパレットをCSSに書き出す方法を紹介します。

サンプルファイルのデザインカンプには、カラーをまとめたアートボードが用意されており、それぞれの色はドキュメントアセットにも登録されています図13。

図13　カラーパターン

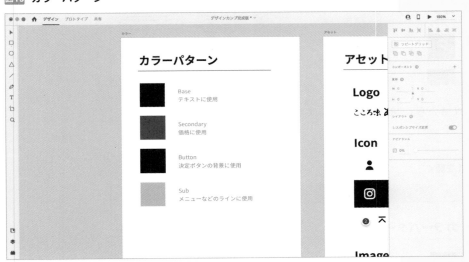

ドキュメントアセットに登録されたカラーは、CSSで指定するための値を簡単にコピーできます。ライブラリをクリックしてライブラリパネルを表示し、ドキュメントアセットをクリックします図14。

図14　ドキュメントアセットを表示

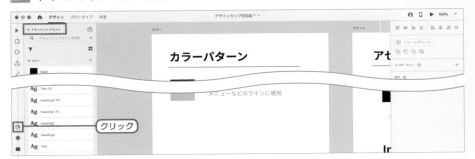

233

例えば「Base」というカラーの上で右クリックすると、コンテキストメニューに「#333333をコピー」という項目が表示されますので、これをクリックします。クリップボードに「#333333」という文字列がコピーされます。CSSで指定するための16進数になっていますので、そのままCSSにペーストすることで利用可能です。

　このままコピー＆ペーストを繰り返しても問題ありませんが、共有モードのデザインスペックを利用すると、さらに効率的にカラーパレットを作成できます。共有モードに切り替え、プロパティインスペクターの表示設定を「開発」、書き出し先を「Web」に設定し、「リンクを作成」をクリックします図15。

図15　共有モードで開発リンクを作成

　公開リンクが作成できたら、URLをクリックしてブラウザを開きます図16。

図16　公開リンクのURLを開く

　ブラウザで公開リンクを表示できたら、右側の「変数」アイコンをクリックします図17。

図17　「変数」アイコンをクリック

右側に変数パネルが表示されます。変数パネルの中には、共有されたXDファイルで使われているカラー、文字スタイルの値が**CSS変数**として表示されています。冒頭の「/* Colors: */」というコメントの下に表示されているのがカラーの値です図18。

図18 カラーの値がCSS変数として表示されている

「--base」のようにカラーに名前がついているものは、ドキュメントアセットで登録済みのカラーです。ドキュメントアセット上で登録した名前が、そのまま変数名として利用されます。

「--unnamed-color-~」となっているものは、XDファイル上で指定しているものの、ドキュメントアセットに未登録のカラーです。ドキュメントアセットを使ってカラーを整理しているときに、このようなカラーがあった場合は、1箇所でしか使っていないなどの理由で意図的に未登録なのか、作業ミスで未登録なのか、デザイナーに確認しておくとよいでしょう。サンプルファイルでは、利用箇所が少ないカラーのため、意図的に未登録としています。

表示されているCSS変数は、パネルからコピーしたり、「CSSをダウンロード」ボタンをクリックしてCSSファイルをダウンロードしたりして利用できます。次に利用例を示します図19。

memo
XDのデザインスペックでは、CSS変数の名前はすべて小文字で表現されます。ドキュメントアセットで大文字を使っても、自動的に小文字に変換されます。なお、CSS変数の仕様としては大文字小文字が区別されますのでご注意ください。例えば「--base」と「--Base」は別の変数として扱われます。

図19 CSS変数の利用例

CSS

```
:root {
    --base: #333333; // CSS 全体で使う変数は :root 擬似クラスで定義
}


.xd {
    color: var(--base); // :root 擬似クラスに定義した変数を利用
    --secondary: #C1381F; // ルールセット内で変数を定義
    background-color: var(--secondary); // ルールセット内で定義した変数はルールセット内でのみ利用可能
}
```

テキストスタイルの作成

コーディングの工程でカラーと同じように手間がかかるのが、テキストに使われているフォントの種類やサイズ、ウェイトや行間といったスタイルを確認してCSSに反映する作業です。

サンプルファイルのデザインカンプでは、あらかじめ文字スタイルがドキュメントアセットに登録されており、アートボードにも配置して一覧できるようになっています。この状態になっていれば、デザインスペックを使って効率的にテキストのスタイルを確認できます図20。

図20 タイポグラフィ

共有モードで開発の公開リンクを作成し、ブラウザで開きます図21。

図21 公開リンクのURLを開く

ブラウザで公開リンクを表示できたら、アートボードの移動ボタンをクリックして、前述のタイポグラフィのアートボードを表示します図22。

図22　アートボードを移動し、タイポグラフィを表示

右側の「スペックを表示」アイコンをクリックします図23。

図23　「スペックを表示」アイコンをクリック

　右側にデザインスペックが表示されます。デザインスペックには、表示しているアートボードのサイズ、アートボード内で使われているカラー、文字スタイルの一覧が表示されています図24。文字スタイルをクリックすると、該当の文字スタイルの詳細が表示されます。ここで表示したスタイルを確認しながらCSSを書いていけば、かなりの時間短縮になるでしょう。

> **memo**
> カラーと同様に変数パネルでCSS変数を利用することもできますが、字間、行間といった細かい値まですべて変数になっているため、少々扱いづらくなっています。必要に応じて使い分けるとよいでしょう。

図24　文字スタイルの情報を一覧できる

Webフォント

テキストのスタイルの中でも考慮しなければいけないポイントが多いのが、フォントの指定です。特に何をデバイスフォントに、何をWebフォントにするかは、ファイルサイズと見た目のトレードオフを考慮しながら決定する必要があります。

サンプルデータは、「平成明朝 Std W7」と「源ノ角ゴシック JP Regular」という2つのフォントを使ってデザインされています。いずれもWebフォントとして使えるフォントではありますが、すべてをWebフォントとして扱うとファイルサイズが膨大になり、ページ読み込み速度が低下してしまうため、ここではデザインカンプ上の「平成明朝 Std W7」をWebフォントとして、「源ノ角ゴシック JP Regular」をデバイスフォントとして扱う前提での実装方法を紹介します図25。

memo

デバイスフォント、Webフォント、画像など、Webサイトにおけるフォントの扱い方については、202ページ（Lesson5-01）を参照してください。

図25 **平成明朝 Std W7と源ノ角ゴシック JP Regular**

この文章はダミーです。文字の大きさ、量、字間、行間等を確認するために入れています。この文章はダミーです。文字の大きさ、量、字間、行間等を確認するために入れています。この文章はダミーです。文字の大きさ、量、字間、行間等を確認するために入れています。

TextSmall - フッターなどの項目で使用
平成明朝 Std W7 12pt

この文章はダミーです。文字の大きさ、量、字間、行間等を確認するために入れています。この文章はダミーです。文字の大きさ、量、字間、行間等を確認するために入れています。この文章はダミーです。文字の大きさ、量、字間、行間等を確認するために入れています。

TextList - リストのテキストで使用 -
源ノ角ゴシック JP Regular 12pt

まず、Webフォントの実装方法です。Webフォントを使うには、ライセンスや機能の都合上、配信サービスを利用するのが一般的です。配信サービスは無償、有償を含めてさまざまな会社が提供していますが、ここではXDと同じAdobeが提供している Adobe Fontsを例にして解説します。Adobe FontsのWebサイトにアクセスし、右上のログインをクリックします図26。

POINT

Adobe Fontsは、XDを利用するときの有償プランを契約している場合にフル機能を利用できます。無償プラン（スタータープラン）では、一部機能のみに限定された利用になります。

図26 **Adobe Fonts**

https://fonts.adobe.com/

お使いのAdobe IDでログインします。Adobe Fontsで使えるフォント一覧ページが表示されますので、上部の検索欄に「平成明朝」と入力し、return［Enter］キーを押します。検索結果が表示されたら、「平成明朝Std」をクリックします図27。

「平成明朝 Std」のページが表示されたら、「Web プロジェクトに追加」のリンクをクリックします図28。

図27　「平成明朝 Std」をクリック

図28　「平成明朝 Std」のページ

「Web プロジェクトにフォントを追加」ダイアログが表示されます。「平成明朝 Std」には4つの**ウェイト**があり、そのうちの「W3」と「W7」がデフォルトで選ばれています図29。

サンプルデータのデザインでは、「W7」のみ利用していますので、「W3」をクリックしてチェックを外します図30。

図29　「Web プロジェクトにフォントを追加」ダイアログ

図30　「W3」のチェックを外す

Adobe FontsでWebフォントを利用するときは、利用するWebサイトごとに「プロジェクト」を作成する必要があります。「作成または既存のプロジェクトに追加」のプルダウンをクリックし、「新規プロジェクトを作成」を選びます図31。

そのままプロジェクト名を入力できる状態になりますので、「b2p-adobe-xd」と入力し、「作成」ボタンをクリックします。「1個のフォントがb2p-adobe-xd に追加されました」ダイアログが表示されます図32。ダイアログ内にWebフォントを読み込むための🔴コードが表示されていますので、右上の「クリップボードにコピー」ボタンをクリックして、コードをコピーします。このコードを、Webフォントを利用したいHTMLの<head>タグの閉じタグの直前にペーストします。これでWebフォントを利用する準備が整いました。

memo

ここでは「b2p-adobe-xd」と入力しましたが、自分の好きな名前をつけてかまいません。

図31 「新規プロジェクトを作成」をクリック

図32 フォントが追加されたダイアログ

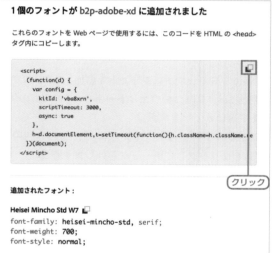

Webフォントを適用したい箇所に対して以下のCSSを書くと、該当箇所にWebフォントが適用されます図33。

図33 「平成明朝 Std W7」を利用するためのCSS

```
font-family: heisei-mincho-std, serif;
font-weight: 700;
font-style: normal;
```

Webフォントは、OSやデバイスに依存せずさまざまなフォントが使える魅力的な機能ですが、使いすぎるとファイルサイズが増え、ページ読み込み速度が低下する原因になります。見た目とファイルサイズのバランスを見ながら適用することをおすすめします。

次に、「源ノ角ゴシック JP Regular」をデバイスフォントとして扱う場

POINT

Adobe Fontsのプロジェクトごとに発行したコードは、Creative Cloudのサブスクリプション契約者に紐付いた利用が必要です。つまり、クライアントワークでAdobe Fontsを利用する場合、制作者のAdobe IDで発行したコードを使うことはライセンス上許可されておらず、クライアント側でCreative Cloudのサブスクリプション契約を結ぶ必要があります。詳しくはAdobeのサポートページをご覧ください。
https://helpx.adobe.com/jp/fonts/using/font-licensing.html#web-client

合についてです。デザインカンプでは、本文やプレースホルダーなどで「源ノ角ゴシック JP Regular」が指定されているものの、ファイルサイズを考えてコーディング時はデバイスフォントとして扱うことにします。

デバイスフォントの指定方法はさまざまありますが、ここでは一番シンプルな方法をご紹介します。該当箇所に対して以下のCSSを書くと、ブラウザがOSにデフォルトでインストールされているフォント（ゴシック体）の中から適切なものを自動的に選択して表示します図34。

図34 フォントにゴシック体を指定するCSS

```
font-family: sans-serif;
```

このCSSを指定すると、当然ブラウザ上での見た目は「源ノ角ゴシック JP Regular」ではなく、🖉各OSにデフォルトでインストールされているフォントになります。XDでのデザイン時に指定したフォントと、最終的に実装したフォントが異なることになりますので、最終的にデバイスフォントにする箇所については、最初からデバイスフォントにあたるフォントでデザインするか、異なるフォントを指定する場合はあらかじめ制作チーム間で理解を得た上で合意しておくことが重要です。

memo
ゴシック体のほかに、明朝体（serif）や等幅（monospace）などのキーワードも指定できます。

POINT
具体的にはmacOSやiOSではヒラギノ角ゴシック、Windowsではメイリオになります（それぞれ最新版の場合）。Androidの場合は機種によって千差万別です。

memo
デバイスフォントでデザインすると、制作者と違うOSを使っているユーザーが操作したり共有したりときに支障が出る可能性があるため注意してください。例えばデザイナーがmacOSを使ってヒラギノ角ゴシックを指定したとしても、Windowsを使っているエンジニアが見ると、ヒラギノ角ゴシックが存在しないためXDファイル上ではフォントが適用されなかったり、共有リンク上では（Windowsユーザーにとっては）デバイスフォントではないヒラギノ角ゴシックで表示されたりすることになります。いずれにしても制作チーム間での合意が重要になります。

05

コンテンツのコーディング

240
min

> **THEME**
> **テーマ**
> メインのコンテンツ部分をコーディングします。特にXDのデザインカンプからコーディングする際に利用したい機能や注意すべき点、TIPSなどを中心に解説します。

ボタンコンポーネントの作成

XDのコンポーネントとして作成したボタンをコーディングします。デザインカンプにはコンポーネントがまとめられたアートボードがありますので、その中の「Button1」を例に進めます。

角丸やドロップシャドウのようにCSSで表現できるスタイルは、使いまわしやファイルサイズの観点で考えると、極力画像ではなくCSSで記述するのが得策です。スタイルをCSSとして書くには、それぞれのスタイルの数値を確認する必要があります。まずは角丸について確認してみましょう。「Button1」コンポーネントをダブルクリックし、コンポーネントの中にある「グループ 1730」を選択状態にします。プロパティインスペクターを確認すると、paddingの上下が「14」、左右が「30」で設定されています 図1 。

> **memo**
> 塗りや線の色の値は、カラーチップをクリックすると確認できます。

図1 「Button1」コンポーネントのpaddingの設定

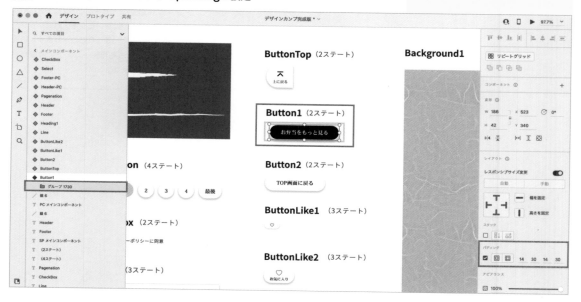

コンポーネントは角丸の長方形とテキストで構成されているため、長方形部分をダブルクリックし、「長方形1296」を選択します。この状態でプロパティインスペクターを確認すると、塗りの色が「#221564」、線の色が「#FFFFFF」、線幅が「2」、角丸の半径が「22」に設定されていることがわかります 図2 。

図2 塗り、線、角丸の半径を確認

さらに下に表示されているドロップシャドウを確認すると、X座標が「0」、Y座標が「3」、ぼかしが「6」、色が「#000000」、透明度が「16%」に設定されていることがわかります 図3 。

図3 ドロップシャドウを確認

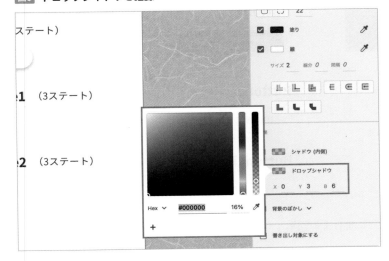

ここまでの情報を総合すると、「Button1」のHTMLとCSSは次のように書けます 図4 。

🗋 memo

ドロップシャドウの色と透明度は、CSSのrgba()記法で表せます。rgba()記法では、色のRGBの値を16進数ではなく、0〜255の値でR、G、Bごとにカンマ区切りで指定します。同じく透明度は0〜1、または0〜100%で指定します。色が「#000000」、透明度が「16%」の場合は、「rgba(0, 0, 0, 0.16)」と表します。

図4 **Button1のHTMLと背景部分のCSS**

HTML

```
<a href="./" class="button1">
    お弁当をもっと見る
</a>
```

CSS

```
.button1 {
    padding: 14px 30px; // パディング
    background-color: #221564; // 塗りの色
    border: 2px solid #FFFFFF; // 線の幅、タイプ、色
    border-radius: 22px; // 角丸の半径
    box-shadow: 0 3px 6px rgba(0, 0, 0, 0.16); // ドロップシャドウのX、Y、ぼかし、色と透明度
}
```

続いて、テキスト部分のスタイルも確認しましょう。アートボード、またはレイヤーパネルからテキストの「お弁当をもっと見る」をクリックして選択します。プロパティインスペクターを確認すると、フォントが「平成明朝 Std」、サイズが「14」、フォントスタイルが「W7」、行揃えが「中央」で設定されています 図5 。

図5 **テキストを確認**

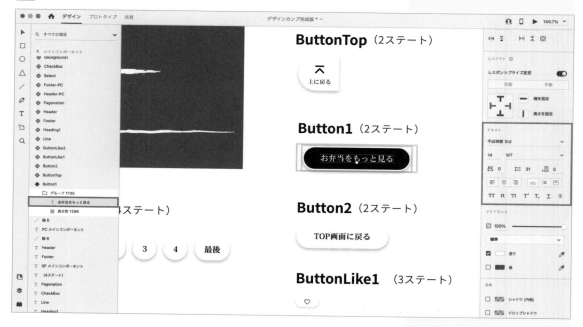

これらの情報をCSSにすると、次のように書けます 図6 。

図6 **Button1のテキスト部分のCSS**

```
.button1 {
    // 中略
    color: #FFFFFF; // 文字色
    font-size: 14px; // フォントサイズ
    font-family: heisei-mincho-std, serif; // フォントの種類
    font-weight: 700; // フォントウェイト（スタイル）
    text-align: center; // 行揃え
    text-decoration: none; // a要素デフォルトの下線を非表示にする
}
```

　最後にステートです。アートボードの何もない箇所をクリックするなどして選択を解除し、再度「Button1」コンポーネントをクリックして選択します。プロパティインスペクターを見ると、初期設定とホバー、2つのステートが設定されていることがわかります 図7 。

図7 **2つのステート**

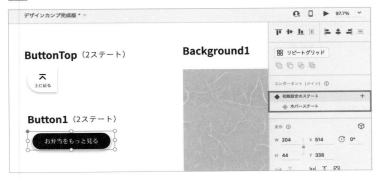

　現在は「初期設定のステート」が選ばれています。プロトタイプモードに切り替えてみましょう。プロパティインスペクターを見ると、トリガーが「ホバー」、種類が「自動アニメーション」、移動先が「ホバーステート」になっていることがわかります。つまり、ボタンにロールオーバーしたときに、ホバーステートの見た目にアニメーションする、という指定です。

　その下の**イージング**は「イーズアウト」、デュレーションは「0.3秒」になっています。これはアニメーションの長さとイージングを表しています。

　デザインモードに戻り、プロパティインスペクターから「ホバーステート」をクリックして選択します。「Button1」コンポーネントをダブルクリックし、コンポーネントの中にある「グループ1730」を選択状態にします。プロパティインスペクターのアピアランスを見ると、不透明度が「50%」になっていることがわかります（次ページ 図8 ）。

WORD **イージング**

アニメーションの緩急のことです。最初は速く、最後はゆっくり、と緩急をつけることで、メリハリのあるアニメーションにできます。

memo

CSSで不透明度を設定するopacityプロパティは、0〜1の値（小数点以下も可）で指定します。

図8 不透明度を確認

ここまで確認した情報は、CSSでは次のように書けます 図9 図10。

図9 Button1ロールオーバー時のアニメーションのCSS

```css
.button1 {
    transition: opacity 0.3s ease-out; // 不透明度 (opacity) を 0.3 秒、イーズアウトでアニメーション
}


.button1:hover {
    opacity: 0.5; // ロールオーバー時の不透明度
}
```

図10 完成イメージ

お弁当をもっと見る

幅に応じたレイアウト変更

　レスポンシブデザインを前提にデスクトップ向けとモバイル向けのカンプを別々のアートボードでデザインするとき、コーディング時に破綻しないようなデザインになっているかどうかは要注意です。レスポンシブデザインでは、1つのHTMLに対してデバイス幅に応じた最適なスタイルをCSSで適用するため、デバイスによって構造が大きく異なるHTMLを出し分けるようなデザインは実装が困難だからです。

　例えば商品一覧で商品の情報を並べるとき、デスクトップとモバイルで並んでいる商品情報の内容が違う、数が合わない、などの問題が発生

しないか、などの観点でチェックしておくとよいでしょう。例えばサンプルファイルの商品一覧ページは、商品のレイアウト（デスクトップは1行4商品、モバイルは1行2商品）や、画像・フォントサイズに違いはあるものの、レスポンシブデザインとしての実装を考慮したデザインになっています図11。

図11　デスクトップとモバイルの商品一覧ページ

商品詳細ページでは、商品のこだわりを紹介する画像とテキストのレイアウトが、デスクトップでは左右、モバイルでは上下に並んでいます。また、デスクトップでは1つ目のこだわりでは画像が左、2つ目では画像が右にレイアウトされています図12。

図12 デスクトップとモバイルの商品詳細ページ

　このようにコンテンツのレイアウト方向や順番が多少入れ替わる程度であれば、共通のHTMLでもCSSで十分に対応できます。いずれもFlexboxを使うと便利です図13。

図13 デスクトップとモバイルでレイアウトを変更するコーディング例

HTML

```html
<div class="feature">
    <img src="images/detail/detail_1.jpg" alt="" class="feature__image" />
    <p class="feature__body">
        厳選された食材が「天然和食だし」と共に味わい楽しめます。<br />
        割烹料理店ならではの上質な味わいをお楽しみください。
    </p>
</div>
<div class="feature">
    <img src="images/detail/detail_2.jpg" alt="" class="feature__image" />
    <p class="feature__body">
        量少なめ、種類たくさんの料理で多様に味わい楽しめる季節限定テイクアウトです。<br />
        オードブルにもおかずにもなる無添加料理です。
    </p>
</div>
```

CSS

```css
/* モバイル向けのスタイル */
.feature {
    width: 92%;
    margin: 0 auto 20px;
}

.feature__image {
    width: 100%;
    margin-bottom: 10px;
    border: 2px solid #FFFFFF;
}

.feature__body {
    margin: 0;
    font-size: 14px;
}

/* デスクトップ向けのスタイル */
@media (min-width: 900px) {
    .feature {
        display: flex; /* デスクトップでは画像とテキストは横並び */
        align-items: center;
        max-width: 950px;
        margin-bottom: 40px;
    }

    .feature__image {
        width: 450px;
        margin-right: 50px;
    }

    .feature__body {
        font-size: 18px;
```

```
    }

    .feature:nth-child(2n) {
        flex-direction: row-reverse; /* 偶数時は並び順を逆にする（左右入れ替え）*/
    }

    .feature:nth-child(2n) .feature__image {
        margin: 0 0 0 50px;
    }

}
```

逆に、デバイス幅に応じてHTMLタグの表示・非表示を切り替えなければならないとしたら、実装の工数は増え、メンテナンス性も低くなるリスクがあります。このような事態に陥らないよう、コーディングの観点から無理のないデザインかどうかの確認が重要です。

フォームの作成

テキスト入力、プルダウンリスト、チェックボックスといったフォーム関連の要素については、デザインの前にデザイナーとエンジニアで確認しておいたほうがよい点が2つあります。

1つめはフォームのスタイル（見た目）をどこまで作り込むかです。サービスやブランドのイメージを重視するあまり、フォーム関連の要素を独自のスタイルで作り込んでしまうケースがあります。しかし、慣れ親しんでいるOSやブラウザのUIを逸脱するような作り込みは、一貫性を失い、ユーザーの操作性に悪影響を及ぼし、かえって逆効果になってしまう可能性が高いといえます。ユーザーに入力してもらうというフォーム本来の目的を念頭に置くと、過度な作り込みは避け、サイズ調整程度に抑えておくのが無難です。

2つめはiOS固有の仕様です。iOSでは、フォーム関連の要素のフォントサイズが16px未満の場合、要素をタップしてフォーカスしたときに勝手にズームされてしまう仕様があります図14 図15。

memo

CSSはデスクトップ向けとモバイル向け、どちらを先に書くべきか、という議論がしばしばあります。どちらが正解というわけではありませんが、一般的にモバイル向けのスタイルのほうが簡素な傾向にあるため、モバイルを先、デスクトップをあとにしたほうが、余計なスタイルの打ち消しが減り、効率的に書けるケースが多いといえます。

memo

例えば、本書のサンプルデザインでも実装しているグローバルナビゲーションのように、明らかにデバイス幅に応じてHTMLを出し分けないと作れない機能やコンテンツも存在します。しかしHTMLの出し分けを乱発してしまうと、レスポンシブデザインのメリットが失われて本末転倒になってしまいますので注意しましょう。

図14 フォントサイズ16pxでは問題なし

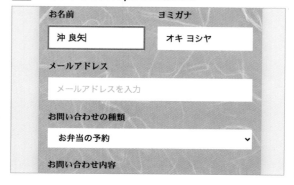

図15 フォントサイズ14pxではズームされる

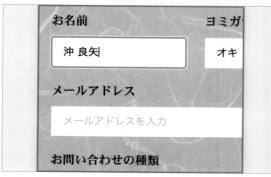

デザイン時は気づきにくいため、実装の段階になって問題に直面するケースもしばしばあります。フォームの見た目をコンパクトにまとめるため、つい小さめのフォントサイズを指定しがちですが、iOSは広く普及しているOSでもありますので、この仕様は覚えておくとよいでしょう。

XDで作成したアニメーションに関する注意

XDではプロトタイプモードで手軽にアニメーションをつけられるあまり、あとから実装にコストがかかりすぎたり、そもそも実現不可能だったり、ということが少なからずあります。XDで複雑なアニメーションを作る場合、あらかじめエンジニアを含めて実現可能性について検討しておくことをおすすめします。

本書では、商品詳細ページの作例としてデザインフェーズでは3Dカルーセルを作成しましたが、サンプルコードではシンプルに画像を並べて表示する形に変更してコーディングしています 図16 図17 。

図16 商品詳細ページのデザイン

図17 商品詳細ページのコーディング結果

1つのファイルを共同編集

Adobe XDには、複数人が同時に1つのファイルを編集できる「共同編集」機能が搭載されています。データを引き継がせずに編集ができるため、チーム内に複数人のデザイナーが在籍しているときなどに便利な機能です。この機能を使うためには、ファイルがクラウドドキュメントとして保存されている必要があります。

◎共同編集を利用する

共同編集にメンバーを招待するには、画面右上のシルエットアイコンの「招待アイコン」をクリックします。すると、ポップアップウィンドウが表示されますので、その中にある「共有者を追加」の入力フォームに、追加したいメンバーのAdobe ID、またはメールアドレスを入力して招待しましょう 図1。メール、またはCreative Cloudデスクトップアプリに通知が届きます。

共同編集中は、参加中のメンバーのアイコンが画面右上に表示され、その人が編集中の箇所が、アイコン周囲の色と同じ色のバウンディングボックスとして表示されます。また、そのバウンディングボックス横には、共同編集者の名前も表示されます 図2。

リアルタイムで共同編集できるのは非常に便利な機能ですが、同じ要素を同時に編集しようとすると、データの上書きの際に不備が生じることがあるので、避けておくとよいでしょう。

図1 共同編集に招待

図2 メンバーと共同編集中の様子

さらに便利な 機能＆知識

よりAdobe XDを使いこなすため、機能を拡張するプラグイン、WebやアプリのUIを簡単に構築できるUIキットやテンプレートについて解説します。また、ほかのデザイナーと交流したり、理解を深めたりできるコミュニティやサービスについても紹介します。

読む ＞ ワイヤーフレーム ＞ デザイン ＞ コーディング

プラグインの使い方

Lesson 6
01
60 min

> **THEME**
> テーマ
>
> XDでは、作業を自動化したり、機能を拡張したりするプラグインを利用できます。プラグインの探し方、インストール方法といった基本的な使い方を学びましょう。

XDのプラグインとは

XDではプラグインAPIと呼ばれる**API**が公開されており、プログラミングによって誰でもXDの機能を拡張できます。拡張した機能はプラグインという形でパッケージ化し、世界中に公開、配布可能です 図1 。

WORD API

API（Application Programming Interface）とは、ソフトウェア同士がお互いに情報をやり取りするために使うインターフェースのことです。XDのプラグインAPIでは、XDが持つ機能をプラグインから実行するため、Java ScriptでAPIが用意されています。決められたルールに従ってJavaScriptを実行することで、XDの機能を自由に組み合わせ、カスタマイズできるようになります。

memo

Adobe XDプラグインAPI公式ドキュメント（英語のみ）
https://www.adobe.io/xd/uxp/

図1 プラグインでXDの機能を拡張できる

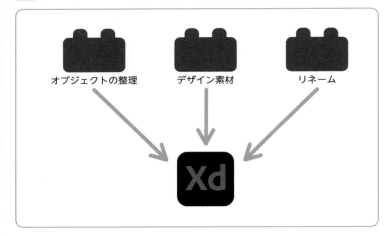

オブジェクトの整理　　　デザイン素材　　　リネーム

もちろん、プラグインは必ずしも自分で作らなければいけないわけではなく、誰かが公開しているプラグインを使うだけでも問題ありません。世界中の開発者がさまざまなプラグインを公開していますので、まずは便利そうだと思ったものを試してみましょう。無料で使える手軽なものから、有料で高機能なものまで、たくさんのプラグインが公開されています。本書でも、定番のプラグインを厳選して紹介しています ➡ 。

➡ 265ページ **Lesson6-02**参照。

プラグインのインストール方法

プラグインのインストール方法は、大きく分けて2通りあります。1つ目は、XDをはじめとするAdobe Creative Cloudアプリケーションを管理するためのCreative Cloudデスクトップを使ってプラグインを検索、インストールする方法。2つ目は、開発者のWebサイトなどから直接プラグインファイルをダウンロードし、インストールする方法です。

通常は、前者の方法でインストールすることをおすすめします。なぜなら、Creative Cloudデスクトップを通して配布されているすべてのプラグインは、Adobeのレビューチームによってチェックされ、承認を得ないと公開できない仕組みになっているからです 図2 。

🗒 memo
Adobeの公式サイトで紹介されているプラグインは、ブラウザから直接Creative Cloudデスクトップを起動し、該当プラグインのページを表示することもできます。
https://www.adobe.com/jp/products/xd/features/plugins.html

図2 **Adobeレビューチームによる審査**

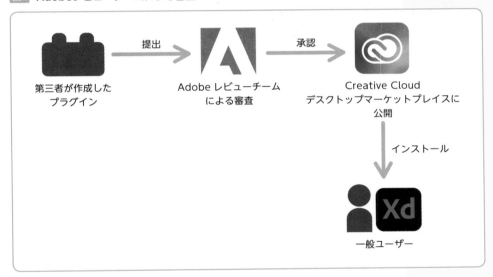

後者の方法では、開発者が悪意のあるプログラムを埋め込むこともできます。つまり、場合によっては知らないうちにXDファイルの情報を外部のサーバーに送信されていた、といった予期せぬ被害を受ける可能性があります。開発者が直接配布しているプラグインをインストールする場合、その開発者が信頼できるかどうかをよく確かめ、セキュリティ面のリスクがあることを忘れないように注意してください。

Creative Cloudデスクトップでインストール

XDのプラグインをインストールするには、まずCreative Cloudデスクトップを表示します。macOSではステータスメニュー、Windowsではタスクトレイに表示されているCreative Cloudのアイコンをクリックします（次ページ 図3 図4 ）。Creative Cloudデスクトップが表示されたら、ウィ

ンドウ→マーケットプレイスを選ぶか、画面上部のメニューから直接
マーケットプレイスをクリックし、プラグイン画面を表示します。

図3 macOSのCreative Cloudアイコン

図4 WindowsのCreative Cloudアイコン

memo
Windowsの場合、設定によっては
Creative Cloudアイコンが隠れている
場合があります。その場合、タスクトレ
イの左横に表示されている「隠れている
インジケーターを表示する」ボタンをク
リックして表示できます。

　Creative Cloudデスクトップのプラグイン画面では、Adobe Creative
Cloudの各種アプリケーションで使えるプラグインの検索とインストー
ル、各プラグインの概要やユーザー評価の確認、インストール済みプラ
グインの管理が行えます **図5**。XDだけではなく、PhotoshopやIllustrator
といったアプリケーションのプラグインも表示、管理する仕組みになっ
ていますので、注意してください。

図5 Creative Cloudデスクトップのプラグイン画面

　すでにXDで何らかのファイルを開いている場合、XDから直接Creative Cloudデスクトップのプラグイン画面を表示することもできます。画面左下にあるプラグインアイコンをクリックし、プラグインパネルを表示します。プラグインパネルの右上にある「＋」ボタンをクリックすると、Creative Cloudデスクトップが開き、プラグイン画面が表示されます 図6 。

図6　XDのプラグインパネル

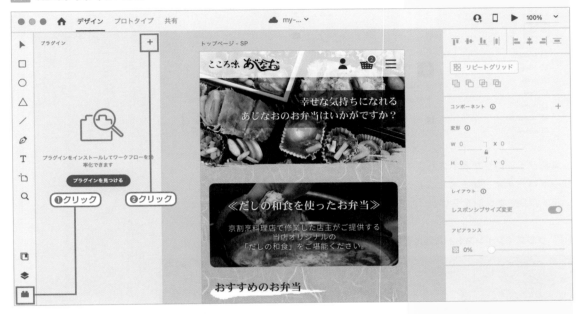

　ここでは、ルールに従ってアートボードを整列できるプラグイン「Artboard Plus」を例にインストール手順を紹介します。
　Creative Cloudデスクトップのプラグイン画面の左にある検索欄に「artboard」と入力し、return［Enter］キーを押します。検索結果が表示されたら、アプリケーションのフィルターから「XD」のみにチェックを入れると、XDのプラグインのみに絞り込んで表示されます。「Artboard Plus」を探し、右下の「入手」ボタンをクリックします（次ページ 図7 ）。

図7 Creative Cloudデスクトップでプラグインを検索

警告ダイアログが表示されます。これはプラグインがAdobeではなく、サードパーティ（第三者）によって開発されたものであることを示しています。「OK」ボタンをクリックします **図8**。

図8 プラグインインストール時の警告ダイアログ

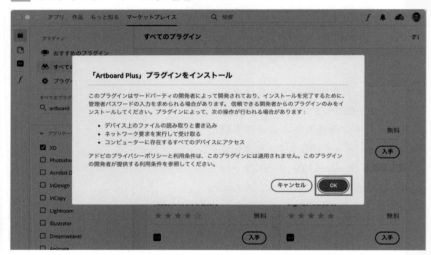

画面下部に「Artboard Plus プラグインがインストールされました。」と表示されたら、プラグインのインストールは完了です。「閉じる」ボタンをクリックし、Creative Cloudデスクトップを閉じます。

プラグインを使う

同じく「Artboard Plus」を例にして、インストールしたプラグインを使う方法を紹介します。

まず、XDで新規ドキュメントを作成します。適当なサイズでいくつかアートボードを作成します 図9 。

図9　適当にアートボードを作成した状態

画面左下にあるプラグインアイコンをクリックし、プラグインパネルを表示します。プラグインパネル内に、インストール済みのプラグインが表示されますので、「Artboard Plus」があることを確認します（次ページ 図10 ）。

図10 プラグインパネルでArtboard Plusを確認

　先ほど作成したアートボードをすべて選択した状態で、プラグインパ
ネルの「Artboard Plus」をクリックし、表示されたリストの中から
「Rearrange Artboards into Grid」をクリックします図11。

図11 すべてのアートボードを選択し、「Rearrange Artboards into Grid」を実行

選択したアートボードが再配置され、等間隔に並びました図12。XD単体で同じことを実現するためには、アートボードを一つひとつ並べ直さなければなりませんが、プラグインを使うことによって一瞬で作業が完了しました。このようにプラグインを利用することで、作業をうまく効率化できます。

図12　アートボードが等間隔に配置される

プラグインをアップデートする

XDのプラグインは、それぞれの開発者によって日々アップデートが続けられています。最新バージョンを利用するには、アプリケーション本体と同様にアップデートの作業が必要になります。

Creative Cloudデスクトップのプラグイン画面を表示し、「プラグインを管理」をクリックします（次ページ図13）。

図13 Creative Cloudデスクトップのプラグイン画面

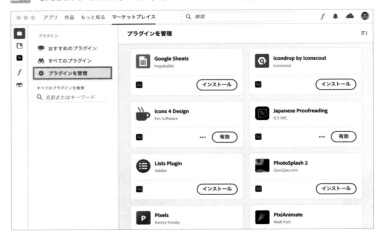

インストール済みのプラグイン一覧が表示されます。インストール済みのバージョンよりも新しいバージョンが存在するプラグインは、「アップデート」ボタンが表示されます。クリックすると、該当のプラグインがアップデートされます図14。

図14 アップデートがあるプラグイン

> **memo**
> Creative Cloudデスクトップでは、XD以外のPhotoshopやIllustratorといったAdobeアプリケーションのプラグインも管理できます。「プラグインを管理」画面ではXD以外のプラグインも表示されますので注意してください。

プラグインをアンインストールする

　プラグインを大量にインストールすると、目的のプラグインを見つけにくくなる弊害があります。インストールしたもののほとんど使っていないプラグインは、一度アンインストールしてもいいでしょう。プラグインのインストールとアンインストールは、プラグインが公開されている限り何度でも行えます。

　プラグインをアンインストールするには、Creative Cloudデスクトップのプラグイン画面を表示し、「プラグインを管理」をクリックします。アンインストールしたいプラグインの「…」ボタンをクリックし、表示されたメニューから「アンインストール」をクリックします図15。

図15　プラグインをアンインストール

　削除の確認ダイアログが表示されますので、「アンインストール」ボタンをクリックします（次ページ図16）。

図16 削除の確認ダイアログ

　一度インストール、アンインストールを経たプラグインは、Creative Cloudデスクトップの「プラグインを管理」画面に表示され続けます。再度「インストール」ボタンをクリックすると、もう一度インストールできます。

02 定番プラグインの紹介

THEME テーマ XDのプラグインは膨大な数が公開されており、気に入ったものを見つけることは簡単ではありません。そこで本節では無料で使えるおすすめの定番プラグインを紹介します。

Resize Artboard to Fit Content

Resize Artboard to Fit Contentは、アートボード内のオブジェクトに合わせてアートボード自身のサイズを変更するプラグインです。デザインの過程でコンテンツ量が増減したとき、必要なアートボードのサイズも変わることがよくあります。そんなときは本プラグインを実行するだけで、適切なリサイズができます。また、設定によって幅／高さのどちらかを維持したり、下辺にオフセットを追加したりできます。

使い方

リサイズしたいアートボードを選択し、Resize Artboard to Fit Content の「アートボードをコンテンツに合わせる」を実行します。ショートカットのcontrol ［Ctrl］＋Fキーでも実行できます 図1 図2 。

図1 Resize Artboard to Fit Contentの実行前

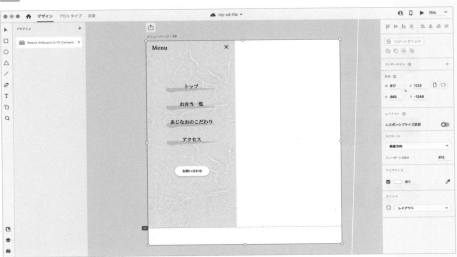

図2 Resize Artboard to Fit Contentの実行後

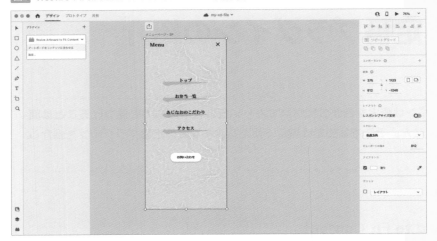

TrimIt

　TrimItは、前述のResize Artboard to Fit Contentとよく似たプラグインですが、アートボードだけでなくリピードグリッドや固定サイズのテキストもリサイズできます。リピードグリッドをコンテンツぴったりのサイズにしたいときや、テキストの高さを内容ぴったりに合わせたいときに便利です。

使い方
　リサイズしたいアートボード、リピートグリッド、テキストのいずれかを選択し、TrimItを実行します 図3 図4 。

図3 TrimItの実行前

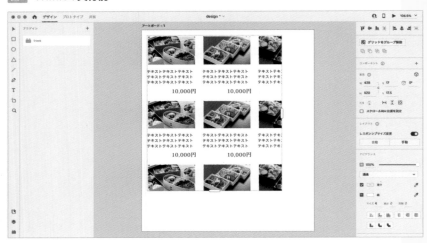

図4 TrimItの実行後

Rename It

　Rename Itは、レイヤーまたはアートボードの名前を一括でリネームするプラグインです。固定の文字列、連番、選択している要素の幅／高さ、大文字／小文字の変換など、好みのルールに沿った名前にまとめて変更できます。また単語の検索、置き換えも可能です。

使い方

　リネームしたいレイヤーまたはアートボードを選択し、Rename Itの「Rename Selected Layers」を実行します。ダイアログが表示されるので、「Name」にリネーム後の名前を入力します。連番を使いたいときは、「KEYWORDS」の「Num. Sequence ASC（またはDESC）」をクリックします。「Name」に「%N」という文字列が入力され、該当箇所が連番として扱われます。リネーム後にどのような名前になるか、「PREVIEW」で確認できます。「Rename Selected Layers」は、ショートカットのcontrol［Ctrl］＋option［Alt］＋Rキーでも実行できます（次ページ図5）。

図5 Rename Itのダイアログ

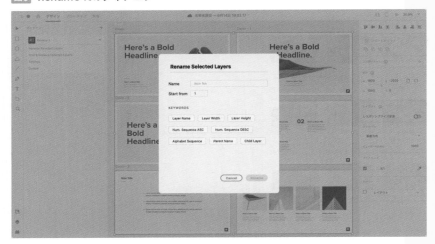

Split Rows

Split Rowsは、改行で区切られた複数行のテキストを別々のテキストに分解するプラグインです。一つひとつ別々のテキストを入力していくよりも、すばやく入力、分解ができます。

使い方

分解したいテキストを選択し、Split Rowsの「Split Preserve Appearance」を実行します。塗り、フォント、サイズなどの個別に指定されたアピアランスを保持したくないときは、「Split Simple」を使います 図6 図7 。

図6 Split Rowsの実行前

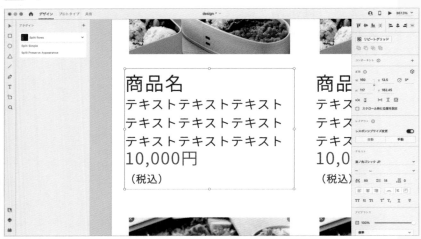

図7 Split Rowsの実行後

Artboard Plus

Artboard Plusは、アートボードの操作全般を高速化するプラグインです。アートボードをグリッド状に並べたり、名前で重なり順を並べ替えたり、選択範囲に合わせてアートボードを作成したり、といったかゆいところに手が届くような操作を簡単に実現できます。

使い方

Artboard Plus内の各メニューを実行します。何も選択しない状態ではすべてのアートボードが、選択した状態では該当のアートボードのみが操作対象となります。操作の内容は以下のとおりです（次ページ 図8 図9 ）。

- Rearrange Artboards into Grid：グリッド状に並べる
- Create Artboard Around Selection：選択範囲のサイズでアートボードを作成する
- Sort Artboards by Name A-Z：名前の降順に重なり順を並べ替える
- Sort Artboards by Name Z-Z：名前の昇順に重なり順を並べ替える
- Settings：「Rearrange Artboards into Grid」で並べるときのX／Yの間隔を指定する

図8 Artboard Plusの実行前

図9 Artboard Plusの実行後

Singari

　Singariは、オブジェクトの整列・分布をより細かく操作するためのプラグインです。例えばXD標準の整列で中央揃えをすると、選択しているオブジェクト全体を基準として中央に整列されます。しかしSingariを使うと、整列の基準となるオブジェクト（キーオブジェクト）を決められます。すばやくレイアウト作業を進めたいときに大変便利です。

使い方

整列・分布したいオブジェクトを選択し、Singari内の各メニューを実行します。「Show Panel」を選ぶと、専用パネルから操作できます図10。

- Relative to：キーオブジェクトを設定する（デフォルトは最後に選択したオブジェクト）
- ALIGN：整列する
- DISTRIBUTE：分布する（Offsetで間隔を指定可能）
- CURRENT KEY OBJECT：現在のキーオブジェクトのプレビュー

図10 Singariのパネル

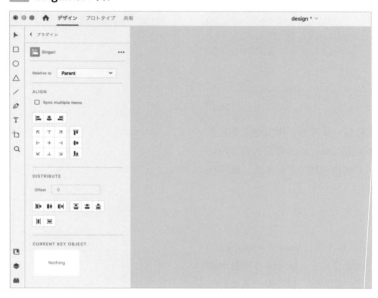

Icons 4 Design

Icons 4 Designは、5,000個以上のアイコンが収録されているプラグインです。好みのアイコンをキーワードで検索し、すばやくドキュメントに配置できます。アイコンは塗りだけのパスとして配置されますので、色、サイズの変更も簡単です。

使い方

Icons 4 Designを実行すると、専用パネルが表示されます。「icon name」にキーワード（例：arrowなど）を入力して検索すると、該当するアイコンが表示されます。好みのアイコンをクリックすると、ドキュメントに配置されます（次ページ図11）。

図11 Icons 4 Designのパネル

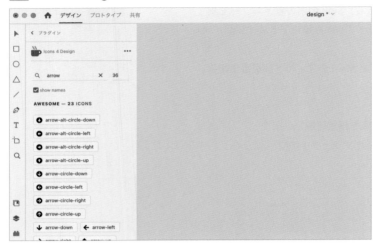

Pixels

　Pixelsは、キーワードで写真素材を検索し、長方形、楕円形、多角形に適用するプラグインです。写真素材はUnsplashという写真共有サービスで提供されているもので、すべて無料で利用可能です。また、商用利用可能でライセンス表示も必要ありません。

使い方

　Pixelsを実行すると、専用パネルが表示されます。「Search Images」にキーワード（例：beachなど）を入力して検索すると、該当する写真が表示されます。ドキュメントに任意のサイズで長方形、楕円形、多角形のいずれかを作成、選択した状態で好みの写真をクリックすると、そのオブジェクトにマスクされた状態で写真が配置されます図12。

図12 Pixelsのパネル

テキスト校正くん（Japanese Proofreading）

　テキスト校正くんは、文章校正を支援するプラグインです。ドキュメントに含まれる文章を、「ですます」調と「である」調の混在、全角と半角アルファベットの混在など、一般的なルールに沿ってチェックできます。なお、ルールの詳細はプラグインの作者である株式会社ICSのGitHubリポジトリ（https://github.com/ics-creative/textlint-rule-preset-icsmedia）でオープンソースソフトウェアとして公開されています。

使い方
　テキストを選択し、テキスト校正くんを実行すると、ダイアログに結果が表示されます。ショートカットの⌘［Ctrl］＋option［Alt］＋0（ゼロ）キーでも実行できます**図13**。

図13 テキスト校正くん実行後のダイアログ

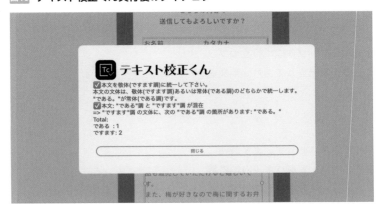

プレゼンテーション

　プレゼンテーションは、XDでプレゼンテーション資料を作成できるプラグインです。クオリティの高いテーマと素材が豊富に用意されているため、使いたいものを選んでいくだけで、すばやい資料作成が可能になります。

使い方

　プレゼンテーションを実行すると、専用パネルが表示されます。まず最初にテーマを選ぶと、それに基づいたスライドや要素がパネル内に表示されます。使いたいスライドや要素をクリックすると、ペーストボードに配置されます。配置された素材はXDで扱えるテキストや画像になっているため、自由に置き換えることができます図14。

図14　プレゼンテーションのパネル

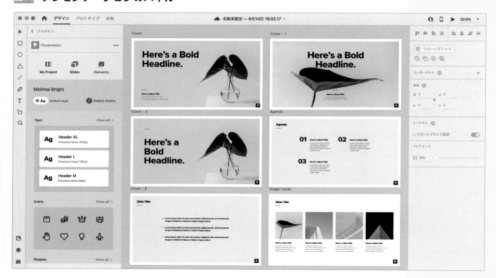

Quick Mockup

　Quick Mockupは、ワイヤーフレームやモックアップ作成に役立つプラグインです。事前にデザインされた素材が多数収録されており、手間をかけずにすばやくアイデアを試すことができます。

使い方

　Quick Mockupを実行すると、専用パネルが表示されます。まず最初にテーマを選ぶと、それに基づいた要素やテンプレートがパネル内に表示されます。使いたい素材をクリックすると、ペーストボードに配置されます。配置された素材はXDで扱えるテキストやパスになっているため、自由に置き換えることができます図15。

図15 **Quick Mockupのパネル**

UIキットの紹介

Lesson 6
03
30 min

よく使われるUIパーツ、レイアウトパターンが収録されているUIキットを利用すれば、すばやくデザインを進めることができます。本節では、UIキットの概要と、おすすめの定番UIキットを紹介します。

UIキットとは

Webサイトやスマートフォンアプリをデザインするとき、毎回ゼロからはじめるとどうしても時間がかかってしまいます。そこで、例えばWebサイトであれば、ヘッダー、フッター、ボタンのように頻出するパーツ、重要度に応じて分類したカラーパレットや文字スタイル、一覧・詳細ページのようなレイアウトパターン、といった要素をあらかじめ作成しておき、それをベースにして作業することで、迅速にデザインを進められます。このような、よく使われるUIパーツやレイアウトパターンを収めたファイルのことを、UIキットと呼びます。

また、UIキットが使われるシーンもさまざまです。デザイン前の戦略・設計フェーズでワイヤーフレームを作るためのものや、スマートフォンアプリのデザインをするためにiOSやAndroidといったOSのUIを使いやすくしたものなど、用途に応じて適切なものを選ぶことが大切です。

UIキットは、AdobeやGoogleといった企業から、Webデザイナーやエンジニアといった個人まで、幅広い作者が制作して配布しています。配布されているものを使い慣れてきたら、自分用のUIキットを作ることに挑戦してみるのもよいでしょう。

Wires jp 2.0

Wires jp 2.0は、日本語に特化したワイヤーフレーム用のUIキットです図1。もともと英語用にリリースされていたWiresというUIキットを元に、日本向けにリデザインされています。日本語フォントとして適切な文字スタイルが設定されているUIキットは少なく、大変貴重です。

図1 Wires jp 2.0

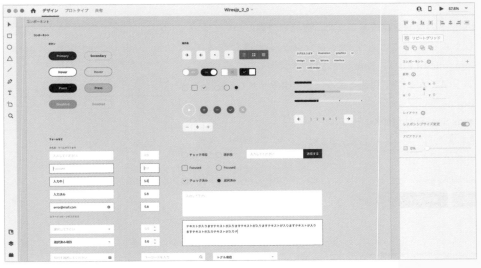

https://www.behance.net/gallery/67284971/Wires-jp

Responsive Resize Kit

レスポンシブWebデザインをXDで制作するためのUIキットです 図2 。
異なる画面サイズに応じて最適なWebサイトを表示するため、デスクトップ（大小）、タブレット、スマートフォンの4つの画面サイズに向けてデザインしたコンポーネントやレイアウトパターンが収録されています。

図2 Responsive Resize Kit

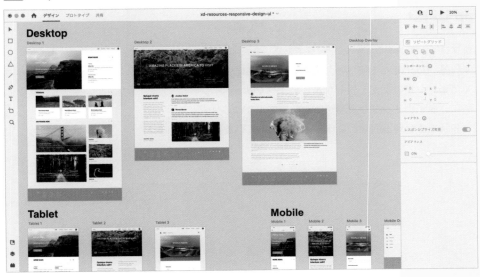

https://www.behance.net/gallery/72045189/Responsive-Resize-Kit

Design Systems Semantic UI Kit

　サービスやプロダクトの目的を達成するため、機能や外観についてまとめた首尾一貫したルールのことをデザインシステムと呼びます。Design Systems Semantic UI Kitは、Semantic UIという考え方に基づいて作られたデザインシステムをXDで扱えるようにしたUIキットです 図3 。

memo
Semantic UIについて、詳しくは公式サイトを参照してください。
https://semantic-ui.com/

図3 Design Systems Semantic UI Kit

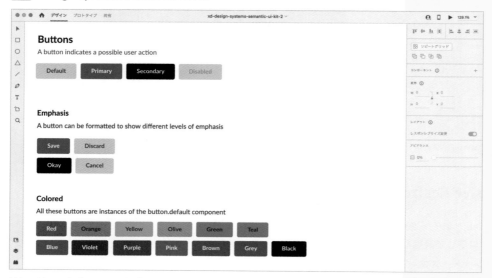

https://www.behance.net/gallery/78911187/Design-Systems-Semantic-UI-Kit-for-Adobe-XD

Bootstrap UI Kit

　Web向けの著名なフロントエンドフレームワークである、BootstrapのためのUIキットです 図4 。Bootstrapを使うと、デザインやCSSについての詳しい知識がなくても、一定の品質を保ちながらすばやくWebページを構築できます。特に、ダイナミックな表現がないシンプルなWebページや、情報を整然と表示する管理画面などを作ることに向いているといわれています。

図4 Bootstrap UI Kit

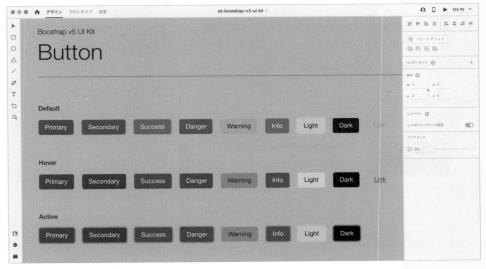

https://www.adobe.com/jp/products/xd/features/ui-kits.html#bootstrap

Apple Design

macOS、iOS、iPad OSといったAppleのOSで使われているUIパーツを収録しているUIキットです 図5 。それぞれのOS向けアプリケーションをデザインするときに便利に使えます。

図5 Apple DesignのiOS UIキット

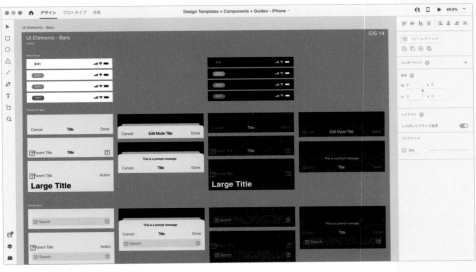

https://developer.apple.com/design/resources/

Google Material Design

Googleが提唱しているMaterial DesignというデザインシステムのためのUIキットです 図6 。Material Designは、プラットフォームやデバイスを問わず、統一的な操作感を体験できることを目指しています。

memo
Material Designについて、詳しくは公式サイトを参照してください。
https://material.io/

図6 Google Material Design

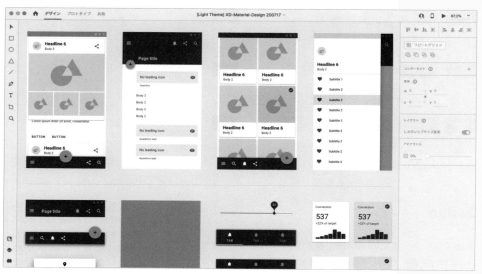

https://material.io/resources

Lesson 6 04 コミュニティの紹介

15 min

THEME テーマ

ここまで本書でXDを学習したあとは、ユーザー同士の交流ができるコミュニティへの参加をおすすめします。自分とは違った現場、職業のXDユーザーとのコミュニケーションを通して、より深い理解を得ることができるでしょう。

Adobe XDユーザーグループ

XDユーザーの有志が集まり、勉強会や交流会をオフライン・オンライン問わずに開催しているAdobe公認ユーザーグループです 図1。現在、東京をはじめとして札幌、仙台、名古屋、京都、大阪、神戸、広島、福岡、沖縄の全国各地で活動しています。また、年に1回の大きなイベントとして、Adobe XD ユーザーフェスも開催されています。

図1 Adobe XDユーザーグループ

https://xdug.jp/

Adobe XD ユーザーグループ Facebookグループ

前述のAdobe XDユーザーグループが運営するFacebookグループです（次ページ 図2）。簡単な承認を得て参加すれば、誰でも投稿可能です。勉強会情報、使い方・事例の共有、質問などが頻繁に投稿されています。

図2 Adobe XD ユーザーグループ Facebookグループ

https://www.facebook.com/groups/xdstudy/

Creative Cloud道場

　Adobeが毎週木曜日、YouTube Liveで生放送している番組です **図3**。Adobe Creative Cloudに関する話題を週替わりで扱っています。Adobe公式の最新情報はもちろん、ゲストによるTIPSの紹介や、コメントによる視聴者同士の交流や番組への参加が行われています。

図3 Creative Cloud道場

https://www.youtube.com/playlist?list=PLF_lcvNhVWn_4y1-MTIuZVthClFtV4lhB

Index 用語索引

Index 用語索引

Index 用語索引

著者紹介

相原 典佳 （あいはら・のりよし）　　Lesson 1・3執筆

1984年群馬県生まれ。2006年よりDTP、Web制作に携わる。Webアシスタントディレクター業務を経たのち、2010年にフリーランスとして独立。また、デジタルハリウッドなどでWeb制作の講師としても活躍。デザインからフロントエンド構築まで、一貫したWebサイト制作を提供している。
Twitter：https://twitter.com/noir44_aihara

沖 良矢 （おき・よしや）　　Lesson2-03・04、Lesson5・6執筆

1981年愛媛県生まれ。インタラクションデザイナー。2003年よりWeb制作に携わる。2008年にフリーランスとして独立後、2019年に合同会社世路庵（せろあん）を設立。ビジネスとクリエイティブの両立を強みとして、戦略立案、UI/UX設計、デザイン、フロントエンド開発に携わる。現場で培った知見をもとに講演、執筆、コミュニティ運営にも取り組んでいる。長岡造形大学視覚デザイン学科非常勤講師、WebクリエイティブコミュニティDIST代表、Vue.js-jpコアスタッフ。
Web：https://www.ceroan.co.jp/
Twitter：https://twitter.com/448jp/

濱野 将 （はまの・しょう）　　Lesson2-01・02、Lesson4執筆

2015年に「想像を創造する」をミッションとするデザイン制作会社「株式会社IMAKE」を創業。DTP制作、Webデザイン〜コーディング、動画編集など幅広く経験。さまざまな企業で顧問デザインアドバイザーとしても活動中。AdobeXDを中心とした講師活動もしており、UdemyでXD講座の開設や、大学・専門学校・各種スクール・教員研修のXD講師として授業を行い、これまでの受講者は延べ4,000人以上。
Web：https://www.image-make.co.jp/
Twitter：https://twitter.com/2yan2yan2yanko

●制作スタッフ

[装丁]　　　　西垂水 敦(krran)
[カバーイラスト]　山内庸資
[本文デザイン]　加藤万琴
[DTP]　　　　株式会社リブロワークス デザイン室
[編集]　　　　株式会社リブロワークス
[編集協力]　　kana　和田峻雅(合同会社世路庵)　齋藤千種・福井克彦(株式会社IMAKE)

[編集長]　　　後藤憲司
[担当編集]　　熊谷千春

初心者からちゃんとしたプロになる

Adobe XD基礎入門

2021年10月1日　初版第1刷発行

[著　者]　　相原典佳　沖 良矢　濱野 将
[発行人]　　山口康夫
[発　行]　　株式会社エムディエヌコーポレーション
　　　　　　〒101-0051　東京都千代田区神田神保町一丁目105番地
　　　　　　https://books.MdN.co.jp/
[発　売]　　株式会社インプレス
　　　　　　〒101-0051　東京都千代田区神田神保町一丁目105番地
[印刷・製本]　中央精版印刷株式会社

Printed in Japan

【カスタマーセンター】
造本には万全を期しておりますが、万一、落丁・乱丁などがございましたら、送料小社負担にて
お取り替えいたします。お手数ですが、カスタマーセンターまでご返送ください。

落丁・乱丁本などのご返送先
〒101-0051　東京都千代田区神田神保町一丁目105番地
株式会社エムディエヌコーポレーション カスタマーセンター
TEL：03-4334-2915

書店・販売店のご注文受付
株式会社インプレス　受注センター
TEL：048-449-8040 ／ FAX：048-449-8041

【 内容に関するお問い合わせ先 】
株式会社エムディエヌコーポレーション
カスタマーセンター メール窓口

info@MdN.co.jp

本書の内容に関するご質問は、Eメールのみの受付となります。メールの件名は「Adobe XD基礎入門　質問係」、本
文にはお使いのマシン環境(OSとアプリの種類・バージョンなど)をお書き添えください。電話やFAX、郵便でのご質
問にはお答えできません。ご質問の内容によりましては、しばらくお時間をいただく場合がございます。また、本書の
範囲を超えるご質問に関してはお答えいたしかねますので、あらかじめご了承ください。

ISBN978-4-295-20197-7　　C3055